U0298218

动物检疫实用技术

主　编

谷石榜

副主编

骆双庆　张清韶

编著者

谷石榜　骆双庆　张清韶

郭素玲　毛伟斌　景照晃　胡凤娇

金盾出版社

内 容 提 要

本书内容包括:动物检疫的概念、范围、特点、方法与处理,产地检疫,屠宰检疫,市场检疫和监督,以及共患动物疫病、猪病、牛病、羊病、马病、禽病和其他动物疫病的检疫等。对动物检疫的基本理论、基本知识、基本技术、基本要求进行了比较详细的介绍,内容先进实用,语言通俗易懂,适合各级动物防疫监督机构和广大兽医人员使用,是动物检疫员必备的工具书和业务学习参考书。

图书在版编目(CIP)数据

动物检疫实用技术/谷石榜主编.—北京:金盾出版社,2007.3

ISBN 978-7-5082-4456-3

Ⅰ.动… Ⅱ.谷… Ⅲ.动物-检疫 Ⅳ.S851.34

中国版本图书馆 CIP 数据核字(2007)第 004727 号

金盾出版社出版、总发行

北京太平路 5 号(地铁万寿路站往南)

邮政编码:100036 电话:68214039 83219215

传真:68276683 网址:www.jdcbs.cn

封面印刷:北京印刷一厂

正文印刷:京南印刷厂

装订:桃园装订厂

各地新华书店经销

开本:787×1092 1/32 印张:7.25 字数:160 千字

2009 年 5 月第 1 版第 3 次印刷

印数:14001—24000 册 定价:12.00 元

前　言

　　动物检疫是动物防疫工作的重要组成部分,是预防、控制和扑灭动物疫病,促进养殖业发展,保护人民身体健康的重要手段。随着人民群众生活水平的提高,对动物性食品的卫生要求也越来越高,对动物检疫工作提出了更新、更高的要求。为便于动物检疫实际操作,尽快提高动物检疫人员的检疫技能,笔者根据《中华人民共和国动物防疫法》、农业部《动物检疫管理办法》等法律、法规规定,依据国家标准《畜禽产地检疫规范》、《畜禽病害肉尸无害化处理规范》和农业部标准《畜禽屠宰卫生检疫规范》等要求,参阅了大量与动物检疫相关的技术资料,在系统总结多年来动物检疫工作实践经验的基础上,编著了本书。

　　本书简要介绍了动物检疫的概念、范围、特点、作用、原则、分类和检疫方法、检疫处理,重点介绍了产地检疫、屠宰检疫、市场检疫和监督的方法与要点,染疫动物及动物产品的判定方法,主要动物疫病的检疫操作技术和鉴别要点等。

　　本书适用性强,有利于动物检疫工作的开展和动物检疫技术的推广。技术操作要点以表格形式进行归类,简明易懂,便于读者理解和掌握。重点论述农业部发布的一、二、三类动物疫病的产地检疫和屠宰检疫技术,对疫病种类的判定和处理提供了较好的方法,适合各级动物防疫监督机构和广大兽医人员使用,是动物检疫员必备的工具书和业务学习参考书。

由于笔者水平有限,书中疏漏与不足之处在所难免,敬请广大读者批评指正。

编著者

2006 年 12 月

目 录

第一章 动物检疫概述

第一节 动物检疫的概念、范围和特点

一、动物检疫的概念

所谓动物检疫,是指为了预防、控制和扑灭动物疫病,保护养殖业发展和人体健康,由法定的机构和人员,依照法定的检疫项目、标准和方法,对动物及其产品进行检查、定性和处理,并带有强制性的一项技术性行政措施。动物检疫的内涵包括以下几方面。

第一,动物检疫是一项法定的技术措施。主要是通过法定的检疫程序和人员,确定被检查的动物是否感染某种疫病,或者被检查的动物产品是否出自健康动物,并以此作出相应处理。动物检疫活动都有明确的法律、法规或规章规定,与动物疫病诊断有本质区别。

第二,动物检疫是一项强制性的行政措施。检疫活动是依法对动物及其产品进行疫病检查、定性和处理,对动物及其产品的生产经营者实行行政管理的行政行为。管理对象应当无条件接受,并给予必要的配合。

第三,动物检疫是一项社会公益性事业。动物检疫的目的是预防、控制、扑灭动物疫病,促进畜牧业发展,保护人体健康。

二、动物检疫的范围

检疫的动物包括家畜(猪、牛、羊、马、驴、骡、骆驼、鹿、兔、犬)、家禽(鸡、鸭、鹅)、毛皮兽、实验动物、演艺动物、观赏动物、经济动物、宠物、水生动物和其他人工驯养繁殖以及合法捕获的野生动物。

检疫的动物产品是指动物的生皮、原毛、精液、胚胎、种蛋,以及未经加工的胴体、脂肪、脏器、血液、绒毛、骨、角、头、蹄等。

运载、饲养工具的消毒主要包括运输动物及其产品的工具(车、船、飞机)、装载容器、包装物、垫料、饲养工具和饲草、饲料的消毒等。

三、动物检疫的特点

(一)法定性 《中华人民共和国动物防疫法》第三十条规定:"动物防疫监督机构,按照国家标准和国务院畜牧兽医行政管理部门规定的行业标准、检疫管理办法和检疫对象,依法对动物、动物产品实施检疫"。可见,动物检疫工作具有鲜明的法定性。依照《中华人民共和国动物防疫法》规定,动物检疫的法定性主要表现在以下几个方面:一是法定的主体,即动物防疫监督机构;二是法定的人员,即动物防疫监督机构内依法取得规定资格的动物检疫员;三是法定的检疫对象,即国务院畜牧兽医行政管理部门规定的动物疫病;四是法定的标准,即国家标准和行业标准;五是法定的处理,即检疫结果和处理依照规定执行。

(二)强制性 动物检疫是一项法定的技术行政措施,具有一定的强制性。主动报检、接受检疫监督是管理相对人的义务,违反有关规定,将承担相应的法律责任。如《中华人民共和国动物防疫法》第四十九条规定:"违反本法规定,经营依法应当检疫而没有检疫证明的动物、动物产品的,由动物防疫监督机构责令停止经营,没收违法所得;对未售出的动物、动物产品,依法补检,并依照本法第三十八条的规定办理"等。

(三)权威性 动物检疫实施机构——动物防疫监督机构是国家法律授权的,动物检疫员是按照法定程序任命的,其开展动物检疫的行为受法律保护,其出具的检疫合格证明具有法律效力。其他任何组织或个人,未经法律、法规规定,就没有履行检疫职能的权力。

(四)科学性 动物检疫技术性很强,检疫操作要按照国家标准和行业标准认真实施,不允许带有主观意识色彩。动物检疫是发现和控制动物疫病,确保健康无疫的动物和动物产品上市,保证消费者利益和生产经营者合法权益的重要手段。动物检疫员的技术要比兽医诊疗员的技术要求高,因为兽医诊疗员只对有病动物进行诊治,是诊断、治疗和再诊再治的过程,直至将有病动物治愈为止。而动物检疫员则要从动物及其产品当中找出有病动物及染疫动物产品,再确诊疫病,并监督畜(货)主进行无害化处理,一旦误检,就会给社会带来危害,同时检疫员还要对检疫结果承担责任,所以要求检疫人员必须树立良好的职业道德,坚持标准,讲究科学,严格把关,认真负责,以科学的态度处理好检疫问题。

(五)公正性 动物检疫的结果及处理,直接影响到有关企业和个人的经济利益,甚至命运,能否做到公正合理显得至关重要,检疫人员必须做到客观公正。一是要坚持按国家标准、行业标准检疫,克服主观因素干扰;二是要完善检疫技术手段,提高检疫人员的技术操作水平,提供先进的检疫设备,以科学性促进公正性;三是加强自身建设,增强工作责任心和责任感,自觉接受社会监督。

第二节　动物检疫的作用

动物检疫的根本作用是通过对动物及其产品的检查和处理,达到防止动物疫病传播,促进养殖业发展和保护人体健康的目的。

一、监督作用

动物检疫人员一方面通过对动物及其产品的检疫,出具检疫证明,防止不合格动物及其产品进入流通环节。另一方面,检疫人员通过索证、验证发现和纠正违反动物防疫法律、法规的行为,保护动物及其产品生产经营者的合法权益。如动物检疫员实施产地检疫时查验免疫证明、免疫耳标,核对免疫档案,无免疫标志者不出具检疫证明,对动物强制补免半个月后再出具证明;实施宰前检疫时,查验产地检疫证明和免疫耳标,无产地检疫证明和免疫耳标者不得进场(点)屠宰,并按规定予以处理。其监督作用主要包括以下几方面内容。

第一,可促进动物饲养者自觉开展免疫接种等防疫工作,提高免疫率,从而达到以检促防的目的。

第二,可促进动物及其产品经营者主动接受检疫,合法经营。

第三,通过产地检疫将不合格的动物及其产品在进入流通环节之前进行处理,起到防疫灭病的目的。

第四,通过宰前检疫验证,不但可促进产地检疫的开展,还可防止有病动物进场屠宰;通过宰后检疫,可防止宰前检不出的疫病进入食品加工环节。

二、有效控制动物疫病传播

通过动物检疫,可以及时发现动物疫病以及其他妨害公共卫生的因素。其意义在于:第一,有利于及时采取措施,扑灭疫源,防止疫病传播蔓延,保护养殖业生产;第二,可通过对检疫所发现的动物疫病的记录、整理、分析,及时、准确、全面地反映动物疫病的流行情况,为制订动物疫病防制规划和防疫规划提供可靠的科学依据。

三、是消灭某些动物疫病的有效手段

现在仍有许多疫病,如绵羊痒病、结核病、鼻疽等慢性疫病仍无疫苗可供接种,也极难治愈。但通过检疫、扑杀病畜、无害化处理染疫产品等手段可达到净化灭病的目的。

四、维护和促进动物及其产品的对外贸易

通过对进口动物及其产品的检疫,发现有患病动物或染疫产品,可依照双方协议进行索赔,使国家进口贸易免受损失。另外,通过对出口动物及其产品的检疫,可保证质量,维护我国贸易信誉。这对拓宽国际市场,扩大畜产品出口创汇,具有重要意义。

五、保护人体健康

通过动物及其产品传播的传染病会危害人体健康。据统计,在动物疫病中,有 196 种属于人兽共患传染病,如高致病性禽流感、口蹄疫、鹦鹉热、炭疽病、沙门氏菌病等,通过检疫,可及早发现并采取措施,防止人兽共患。因此,加强动物检疫对保护人体健康有着重要的现实意义。

第三节 动物检疫的原则和分类

一、动物检疫的原则

动物检疫工作是集诊、检技术和依法行政为一体的技术执法行政行为,为此应遵循以下动物检疫原则。

(一)依法施行的原则 动物检疫是一种行政执法行为,检疫一方施行这一行为时必须严格依照法律、法规进行,被检疫一方也必须按照法规规定,主动报检并接受检疫,积极配合检疫人员做好处理工作。合法行为将受法律保护,违法行为则应受法律制裁。因此,各级检疫机构及其检疫人员,必须依法实施检疫,动物及其产品的生产经营单位和个人必须依法经营,这是动物检疫首先应遵循的原则。

(二)尊重事实的原则 对检疫结果的处理必须以事实为依据,以技术为手段,以法律为准绳。没有事实依据,则无从适用法律。故检疫人员必须做到以下几点。

1. 亲临现场,认定事实 动物检疫人员必须对动物及其产品亲自认真检查,根据检查结果认定动物或其产品是否染疫,只有健康动物及其产品,才能依法出具检疫证明。严禁不经检疫,随意开证的渎职行为。

2. 平等待人,不徇私情 对待被检疫一方不论亲疏厚薄、职位高低,都应一视同仁,依法办事,不得出具"人情证"、"违心证"、"认钱证";不得以权谋私,吃请受贿,出具"私心证";更不准借手中职权进行打击报复,应出证而不出证。动物检疫人员既要对国家、社会和消费者负责,也要对生产经营者负责,还要对自己的行为负责。

（三）尊重科学的原则　动物检疫工作是一项技术性很强的工作,检疫人员必须使用科学的检疫方法,先进的检验技术和设备,结合丰富的实践经验和熟练的技术操作,才能真正揭示出被检动物及其产品是否染疫,否则就有可能漏检或误检,给国家和人民造成不应有的损失。

（四）促进生产,有利于流通的原则　被检动物或动物产品都将进入流通领域。对生产或经营者来说,流通速度越快,经济效益越高,对生产的促进作用也就越大。为此,要求检疫工作做到以下几点:第一,检验方法应准确、快速、先进;第二,检疫手续应简便易行;第三,检疫布局要合理,既要有利于检疫把关,又要方便往来,有利于流通;第四,动物检疫人员工作要熟练,办事要快速,讲究工作效率。

（五）预防为主的原则　动物检疫的目的之一是预防和消灭传染病,因而必须贯彻预防为主的方针。这条原则是动物传染病的流行特点决定的,失去这个原则,动物检疫就会显得毫无意义。根据这一原则,动物检疫工作的重点应放在动物及动物产品进入流通之前,也就是说应放在饲养、生产和加工环节。要以产地检疫为基础,以流通检疫监督为后盾,二者相辅相成,缺一不可。

（六）检疫与经营相分离的原则　检疫作为行政行为,不能与经营联系在一起,这样才能体现检疫行为的公正性。检疫与经营联系在一起,会将检疫工作流于形式,无法保证检疫效果的客观公正性。

二、动物检疫的分类

（一）按照动物检疫实施的区域划分　可分为进出境动物检疫和国内动物检疫两大类。

1. 进出境动物检疫　指在我国开展动物及其产品的对外贸易活动中，为防止国外动物疫病经贸易渠道传入我国，以及为保证出口动物及其产品符合进口国质量要求，由口岸动植物检疫机关所进行的检疫。它又分为进境动物检疫、进境动物产品检疫和出境动物检疫、非贸易性动物产品出境检疫（过境检疫、携带或邮寄检疫）、贸易性出境动物产品检疫。

2. 国内动物检疫　是指对国内动物及其产品，在其饲养、生产、屠宰、加工、贮藏、运输、销售等各个环节所进行的检疫，具体又可分为动物检疫和动物产品检疫。国内检疫由县级以上人民政府所属的动物防疫监督机构实施，国务院畜牧兽医行政管理部门主管全国的动物检疫工作，县级以上人民政府畜牧兽医行政管理部门主管本行政区域内的动物检疫工作。

国内动物检疫的目的是防止动物疫病从一个地方传播蔓延到另一个地方，以保护我国各地养殖业的正常发展和人民身体健康。因此，各地动物防疫监督机构应按照法律、法规的规定，对原产地和输入、输出的动物及其产品进行严格的检疫，对路过本地的动物及其产品进行严格的监督检查。饲养、经营动物和生产、经营动物产品的有关单位和个人，应依法接受检疫。县级以上动物防疫监督机构应按照规定实施监督检查，查验检疫证明，必要时可进行抽检。对于没有检疫证明或检疫证明失效或有异常的动物及其产品应进行补检或重检。

（二）国内检疫按实施的环节划分　可分为产地检疫、屠宰检疫和监督检查过程的检疫。

1. 产地检疫　是指动物及动物产品在生产地区（例如县境内）进行的检疫，由当地的动物检疫员实施。产地检疫实行报检制，畜（货）主出售或调运动物、动物产品应在规定时间内向当地动物防疫监督机构报检。按照农业部规定，供屠宰动物或肥育动物提前 3 天,种用、乳用或役用动物提前 15 天,因生产、生活特殊需要,随报随检。动物检疫机构接到报检后,要立即派动物检疫员到场到户检疫,并查验免疫标志,根据需要采集检验样本。产地检疫是动物检疫的基础环节,也是控制动物疫病传播、最大限度减少疫情危害的关键环节。

2. 屠宰检疫 是指动物检疫员在屠宰厂(场、点)对屠宰动物实施的检疫。屠宰检疫包括宰前进行的活体健康检查(宰前检疫)和对动物宰后的胴体、内脏、头、蹄等的检疫(宰后检疫)两个部分。屠宰检疫是由当地动物检疫机构向辖区内的定点屠宰机构派驻的检疫员进行的。为保证检疫质量,要有与生产规模相适应的检疫员,应检部位必检,要落实检疫岗位责任制,做好对不合格动物、动物产品的无害化监督处理。

3. 监督检查过程的检疫 是指动物防疫监督机构在从事监督检查活动中对未经检疫或检疫证明过期、证物不符等动物或动物产品所实施的检疫,主要包括抽检、补检和重检。

(1)抽检 是指动物及其产品的检疫合格证明在有效期内,从动物及其产品中,抽取部分样品进行查验的监督检查活动。所抽取的样品数量必须符合规定,并同时留样,留下的样品必须密封,并加盖抽样单位的印章。

(2)补检 是指对未经检疫进入流通领域的动物及其产品进行的检疫。

(3)重检 是指对检疫合格证明过期、证物不符、检疫合格证明被涂改的动物或动物产品所实施的检疫。

抽检是对检疫手续齐全的动物及其产品的核实,不收费。补检、重检往往是对违法行为进行处罚后所进行的,其本身就带有处罚性质,实施检疫需加倍收费。但对补检、重检的动物或动物产品往往应检项目不全,判病准确率不高,需要实验室检验来配合进行。

另外,需要说明的是市场检疫。市场检疫是原《家畜家禽防疫条例》实施阶段在农贸市场对交易的动物和动物产品所实施的检疫。《中华人民共和国动物防疫法》颁布实施后,市场检疫已变为市场监督。动物检疫员在市场主要对动物及其产品进行查验检疫合格证明和检疫标志,对无检疫合格证明或无检疫标志者,进行补检;对证物不符者,进行重检;对无免疫证明或免疫标志者,进行补免并佩戴免疫标志。禁止染疫动物及其产品进入市场,发现疑似染疫或染疫动物要立即隔离、消毒,需要扑杀的要坚决扑杀;对发现的有害肉品或其他产品,应依法予以没收或销毁。采购动物或动物产品的单位或个人,必须凭有效期内的检疫合格证明采购。市场检疫主要起监督作用,是其他检疫方式的补充,也是预防和控制动物疫病的重要环节。

就目前来说,部分地方由于产地检疫工作开展薄弱,生猪定点屠宰瘫痪,其他动物未开展定点屠宰。作为补救措施,在某些地方对某些动物或动物产品还在实施市场检疫,这是不符合《中华人民共和国动物防疫法》规定的。

第四节　动物检疫机构与动物检疫人员

一、动物检疫机构

按照《中华人民共和国动物防疫法》规定,负责动物检疫的机构是动物防疫监督机构。其职能主要包括:负责检疫新技术的应用与推广,科研项目的组织与落实;负责检疫业务管理工作,包括检疫统计报表、动物检疫票证的领用及审查、检疫人员的技术指导、培训和监督管理工作；负责监测和监督饲养、经营动物和生产、经营动物产品的单位和个人依照国家有关法律、法规做好动物疫病的计划免疫、预防工作；接受单位或者个人的动物疫情报告，并迅速采取措施和按照规定上报动物疫情；为控制、扑灭重大动物疫情，可以派人参加当地依法设立的检查站执行监督检查任务，必要时，经省、自治区、直辖市人民政府批准，可以设立临时性的动物防疫监督检查站，执行监督检查任务；设立动物检疫员，按照国家标准和国务院畜牧兽医行政管理部门规定的行业标准、检疫管理办法和检疫对象，依法对动物、动物产品实施检疫，合格者依法出具检疫证明，不合格者监督货主进行无害化处理（高温或销毁）和消毒；办理国内异地引进种用动物及其精液、胚胎、种蛋的检疫审批手续；负责对人工捕获的可能传播动物疫病的野生动物在出售、运输时实施检疫；依法对动物防疫工作进行监督，可以对动物和动物产品采样、留验、抽检，对没有检疫证明的动物、动物产品进行补检或者重检，对染疫或疑似染疫的动物和染疫的动物产品进行隔离、封存和处理；对动物、动物产品运输依法进行监督检查；对动物饲养场、屠宰厂、肉类联合加工厂和其他定点屠宰场（点）等单位从事生产、经营活动是否符合规定的动物防疫条件进行监督检查；行使有关法律、法规、规章规定的行政处罚和行政措施的决定权；军队动物防疫监督机构的职权是负责军队现役动物以及军队饲养自用动物的防疫工作。

二、动物检疫人员

依照国家动物防疫行政法律、法规、规章规定，经畜牧兽医行政主管部门考核批准，在规定范围内具体从事动物或动物产品检疫、监督的工作人员,称为动物检疫员。动物检疫员是代表国家的行政执法人员,具有检疫权,其出具的检疫证明具有法律效力。

(一)动物检疫员的职权 一是负责实施动物、动物产品的检疫,并出具检疫证明。二是发现动物传染病或疑似传染病时,及时上报。三是协助当地动物防疫监督机构开展监督检查工作。四是在辖区内发现未按规定进行检疫的动物和动物产品,按规定给予补检、重检,并按规定出具法定的检疫证明;发现患传染病动物及染疫动物产品,有权制止其上市、出售、运输,责令并监督畜(货)主进行无害化处理。

(二)动物检疫员必须具备的条件 一是具备中等以上兽医专业学历或同等学历水平,并连续从事兽医工作 3 年以上的正式技术人员。二是具有独立从事动物检疫工作的能力。三是熟悉动物防疫行政法律、法规。四是热爱检疫事业,遵纪守法,办事公道。五是由县、市动物防疫监督机构逐级申报,经省动物防疫监督机构组织统一考试合格,由县、市畜牧兽医行政管理部门任命。

(三)动物检疫员执行任务时的注意事项 动物检疫是一项具有强制性的工作,动物检疫员在实施检疫时,必须严格执行操作规程、技术规范和法定程序,增强法制观念和防护意识。在临床检疫时,应加强对动物的保定;在实验室检验时,应做好病料的采集,尤其要做好人兽共患病动物病料的保管和处理;在现场执行检疫任务时,既要敢于执法,善于执法,又要注意方式、方法,减少不必要的损失。要认真做好四个严禁:一是严禁不检疫就出具检疫证明;二是严禁不按规程检疫就出具检疫证明;三是严禁未实施消毒而出具消毒证明;四是严禁检疫、收费后不出具检疫证明。

第二章　动物检疫的方法与处理

　　动物检疫的方法就是兽医学中诊断动物疫病的基本方法，包括流行病学调查、临床检疫、病理检查、病原检查和免疫学检查 5 种方法。检疫时，可根据实际情况，用其中的一种或几种方法进行检查。

第一节　动物检疫的方法

一、流行病学调查

　　进行流行病学调查，主要是弄清疫病的流行规律和提供疫病的分布情况。它主要是通过了解当地和邻近地区过去和现在发生疫病的情况，并进行综合分析，来检查动物疫病的方法。动物检疫人员在进行疫病流行病学调查时，必须注重以下几方面内容。

　　第一，当前疫病流行情况。查清发病时间、地点、蔓延过程、流行范围和分布情况，查清患病动物的有关数据及比例，即疫病流行区内各种动物的数量以及发病动物的种类、数量、性别、年龄、感染率、发病率和死亡率等。

　　第二，疫情来源的调查。查清本地过去是否发生过类似疫病，若发生过是何时何地发生，流行情况如何，防制措施和防制效果如何，有无历史资料可查，相邻地区是否发生，是否从外地引进过动物、动物产品和饲料，输出地是否发生过类似疫病等。

第三,传播途径调查。查清当地饲养管理情况、防疫情况、畜禽流动及收购情况、当地疫病的传播因素等。

第四,自然情况与社会情况调查。自然情况包括发病地区的地形、河流、气候、昆虫和野生动物,以及交通状况;社会情况包括当地人群的生产、生活情况,有关干部、技术人员及相关人员对疫情的态度。

第五,产地、市场、运输和屠宰检疫等环节的调查。调查生产地动物来源、性别、年龄、品种、产地检疫情况、免疫情况;收购地有无疫情;收购、集中、圈养和中转过程中有无发病和死亡;何时何地经过检疫;运出时间、运输方式、途病途亡情况、沿途有无疫情等。

二、临床检疫

临床检疫是诊断动物疫病最基本的方法。它是利用人的感官或借助一些简单的器械如体温计、听诊器等,直接对动物外貌、动态、排泄物等进行检查。临床检疫可分为群体检疫和个体检疫。

(一)群体检疫 是通过对动物群体静、动、食的现场观察,来判定动物的健康状况,并从群体中将病态动物挑选出来,做好标记,留待个体检查的方法。

群体检疫一般将来源于同一地区的动物群或一批、一圈、一舍的动物作为一群。禽、兔、犬可按笼、箱、舍划群。运输的动物,可在车、船、机舱进行群体检疫,也可在卸载过程中或在卸后集中进行群体检疫。

群体检疫通常包括动物静态、动态和饮食状态检查,即所谓的"三态"检疫法。

1. 静态检查　不惊扰动物群,观察动物在自然安静状态下的表现,主要检查其精神状态、外貌、营养、立卧姿势、呼吸、反刍、羽、冠、髯等,有无咳嗽、喘息、呻吟、嗜睡、流涎、呆立一隅等情况,从中发现并筛选出可疑患病动物。

2. 动态检查　将动物轰赶或在卸载动物过程中观察动物的运动状态,注意有无行动困难、跛行掉队、离群和运动后呼吸困难等异常现象。

3. 饮食状态检查　在动物进食时,观察其饮水和采食情况,注意有无不食、不饮、少食等异常现象。

健康动物通常精神活泼,被毛光泽,眼睛有神,喜欢站立,叫声洪亮,皮肤柔软而有弹性,走路时四肢有力,行动敏捷有精神,饮水较多,食欲旺盛;患病动物则精神沉郁,常离群不愿走动,垂头,尾巴不摇,鼻镜干燥,流涎或流鼻涕,眼睛出现浓稠分泌物,咳嗽,战栗,呻吟,昏睡,叫声嘶哑,卧地不起,不饮、不食或少食,皮温增高,皮肤出现斑点或疹块。肛门被粪便污染。

经过观察发现有上述特点的,可作为可疑患病动物,做好标记,予以隔离,再进行单独和详细的个体检查。

健康畜禽正常的体温、脉搏和呼吸见表 2-1

表 2-1　健康畜禽正常体温、脉搏和呼吸

畜禽种类	体温(℃)	脉搏(次/分)	呼吸(次/分)
猪	38～39.5	60～80	18～30
黄牛、奶牛	37.5～39.5	50～80	10～30
水 牛	37～38.5	30～50	10～50
羊	38～39.5	70～80	12～30
马	37.5～38.5	26～42	8～16
骡	38～39	42～54	8～16

畜禽种类	体温(℃)	脉搏(次/分)	呼吸(次/分)
驴	37.5～38.5	40～50	8～16
犬	37.5～39	70～120	10～30
猫	38～39	110～120	20～30
兔	38～39.5	120～140	50～60
鸡	40～42.5	120～200	15～30
鸭	41～42.5	140～200	16～28
鹅	40～41	120～160	12～20

（二）个体检疫 是对群体检疫时剔除的可疑动物，逐个进行检查，鉴别可疑动物是否患有传染病，并进一步确诊为何种病的方法。不能确诊时，要进行解剖或实验室检查。

1. 测体温 体温显著升高，一般都视为可疑患病动物。如怀疑是由于运动、暴晒、运输和拥挤等应激因素导致体温升高，应休息 4 小时后再测温 1 次。

2. 视诊 检查动物的精神外貌、营养状况、起卧运动姿态、反刍、呼吸，以及皮肤、被毛、羽毛、冠、可视黏膜、天然孔、鼻镜、粪便、尿液等。

3. 触诊 触摸动物皮肤（耳根）温度、弹性，胸廓、腹部敏感性以及体表淋巴结的大小、形状、硬度、活动敏感性和嗉囊内容物性状等。必要时进行直肠检查。

4. 叩诊 叩诊心、肺、胃、肠和肝区的音响、位置和界限，检查胸、腹部敏感程度。

5. 听诊 听叫声、咳嗽声、心音、肺泡气管呼吸音、胃肠蠕动音等。

三、病理学检查

患病动物其各种组织器官多呈现一定的病理变化,可作为诊断的依据。尤其对死因不明的动物尸体或临床上难以诊断的疑似患病动物,必要时可进行病理学诊断。病理学检查,可分为病理解剖学检查和病理组织学检查 2 种。

(一)病理解剖学检查 病理解剖学检查主要是应用解剖学的知识,对畜禽进行解剖,查看其病理变化,是在开展流行病学调查和临床检查的基础上进行的。病理解剖检查的内容包括体表检查和内部检查 2 个方面。

1. 体表检查 先查明动物的畜别、品种、性别、年龄、毛色和体重,再检查营养状况、天然孔和可视黏膜、皮肤、死后征象以及体表淋巴结情况。

(1)营养状况 检查畜禽尸体的肌肉发育和皮下脂肪蓄积情况。

(2)天然孔和可视黏膜 检查天然孔和可视黏膜有无出血、水疱、溃疡、黄疸、结节和假膜等病变。

(3)皮肤 应注意检查皮肤的色泽变化,有无充血、出血、创伤、炎症、溃疡、结节、脓包、肿瘤、水肿、气肿、寄生虫等。

(4)死后征象 观察死后动物尸冷、尸僵、尸斑、腐败等现象,以断定动物死亡的时间和死亡位置。

①尸僵 动物死后尸体呈现僵硬状态,死于败血症和中毒的动物,尸僵大多不明显。

②尸斑 动物尸体剥皮后,常见死亡时着地一侧的皮下呈青红色,用手指按压时,红色消退。

(5)体表淋巴结 检查体表淋巴结有无肿大发硬等现象。

2. 内部检查

(1)皮下组织检查　检查皮下组织有无出血、水肿、气肿、胶样浸润、体表淋巴结变化、脂肪和肌肉变化、血液凝结情况等。

(2)腹腔检查　查看腹腔有无气体、渗出液、胃肠内容物、血液、脓液、尿液、肿瘤和寄生虫等,检查腹腔脏器和腹膜有无充血、出血、粘连等。

(3)胸腔检查　检查胸腔脏器和胸膜有无渗出物、血液、脓液、异物、寄生虫以及浆膜有无出血、肥厚、增生和粘连等。

(4)脏器检查

①脾脏　先检查脾门淋巴结和脾脏大小、形状、色泽以及脾脏的硬度和边缘厚薄。再切开脾脏检查,注意有无肿大、梗塞、出血等现象。

②胃　先检查胃的大小,胃浆膜面的色泽,有无粘连,胃壁有无破裂、穿孔等。然后再剖开检查,注意胃黏膜是否有发炎、出血、溃疡,观察内容物的性状、气味,是否有寄生虫和其他病变等。

③肠　检查肠系膜淋巴结和浆膜的变化,肠黏膜和内容物的检查项目同胃的检查项目。

④肝脏　先检查肝门淋巴结以及肝脏的大小、形状、色泽、重量和弹性,再切开检查,注意有无出血、变性、坏死和硬结节等。同时,还应检查胆囊大小和胆汁性状。

⑤胰脏　先检查胰脏的色泽和硬度,然后沿胰脏的长径切开,检查有无出血和寄生虫等。

⑥肾脏　检查肾脏的大小、形状、色泽、韧度,再切开检查内部有无肿大、充血、出血、贫血、化脓、坏死和质脆等病变。

⑦心脏　检查心包囊有无出血、炎症、肥厚、粘连。剥开心包囊后检查心外膜有无出血以及心脏的色泽、形状。再剖

开心脏,检查瓣膜是否肥厚,有无疣状物以及心肌是否有虎纹斑,有无囊尾蚴等。

⑧肺脏　检查肺脏的大小、色泽、硬度等和肺门淋巴结性状。然后剪开气管,切开肺脏检查,注意肺脏有无出血点、粘连、大理石样变、肉变、结节以及气管内有无出血、渗出物等。

(5)口、鼻、颈部器官检查　检查舌有无水疱、烂斑,扁桃体有无溃疡,喉头有无出血点、溃疡,气管黏膜有无出血点、溃疡、结节,食管黏膜溃疡、伪膜、增生物等。鼻黏膜有无出血、炎性水肿、结节、糜烂、溃疡、穿孔和瘢痕,鼻甲骨是否萎缩等。

(6)脑部检查　检查脑部有无充血、出血、炎症和寄生虫等。

(7)盆腔脏器检查

①膀胱　检查外部形态、尿液色泽、尿量和膀胱黏膜有无出血、血尿、脓尿等。

②母畜子宫　注意子宫内膜有无充血、出血和炎症等。

③公畜睾丸　检查大小、外形,切开检查有无出血、化脓或坏死灶。

(8)肌肉检查　检查肌肉的色泽,有无出血、变性、脓肿、寄生虫和结节等。

在动物剖检中,其主要病变和疫病范围见表2-2。

表 2-2　动物病理解剖主要病变和疫病范围

部　位	病理变化	疫病范围
尸　体	尸僵不全	炭　疽
天然孔和黏膜	可视黏膜贫血苍白	马传染性贫血、白血病、寄生虫病
	可视黏膜尤其是鼻黏膜出血	炭疽、败血症

部　位	病理变化	疫病范围
天然孔和黏膜	黏膜上有水疱、溃疡、烂斑	口蹄疫、败血症、牛恶性卡他热
	可视黏膜呈黄疸色	牛梨形虫病、犬钩端螺旋体病
	鼻　漏	鼻　疽
	眼内有脓性分泌物	猪瘟、猪肺疫、禽流感
	眼充血发红	猪丹毒
	阴鞘内有脓性分泌物	猪　瘟
	口、鼻、肛门等天然孔出血	急性炭疽
皮肤	颈部皮肤弥漫性出血	猪瘟、猪肺疫
	针尖状小点出血	猪　瘟
	菱形、圆形、方形红斑	猪丹毒
	体表水肿	炭疽、马传染性贫血
	红斑、血疹、水疱、脓疱	痘病、口蹄疫
	咽喉部水肿	猪炭疽、巴氏杆菌病
	淋巴管索肿和溃疡	鼻　疽
	下颌肿胀	放线菌病
	脱毛、肥厚、痂皮	疥　癣
血液	发黑似煤焦油样	炭　疽
	发暗不凝、有气泡	恶性水肿病
	淡红、稀薄、不凝结	梨形虫病
皮下组织	黄色胶样浸润	炭　疽
	脂肪上有小点出血	败血症
	四肢、腹下、阴囊水肿	马传染性贫血

部 位	病理变化	疫病范围
淋巴结	下颌淋巴结硬固	鼻 疽
	肿大、大理石样出血	猪 瘟
	肿大、呈黑红色,周围有胶样浸润	猪急性炭疽
	颌下淋巴结肿大呈砖红色、有坏死,周围有胶样浸润	猪头部炭疽
	肿大有出血点	猪肺疫
	颌下淋巴结肿大,切面有沙石样物	猪头部结核
	肿大多汁,呈红色,有出血点	猪丹毒
	淋巴管肿胀、变粗	流行性淋巴管炎
腹腔	腹膜上有出血点	败血症
	腹膜上有珍珠样结节	牛结核病
胸膜	胸膜上有出血点	猪肺疫、炭疽、猪瘟和败血症
	胸膜粘连	猪肺疫、猪瘟、结核病
	胸膜上有珍珠样结节	结核病
脾脏	肿大、色暗、柔软、脾髓呈泥状	炭 疽
	边缘部楔状出血、坏死或梗死	猪 瘟
	实质中有结节	鼻疽、禽结核病
	显著肿胀	马传染性贫血
	肿大、充气	恶性水肿病
胃	胃内容物异常	狂犬病
	胃黏膜卡他性炎症	猪丹毒、梨形虫病
	胃黏膜出血	炭疽、猪瘟和败血症
	胃黏膜上有纤维素沉着或坏死	猪瘟、牛恶性卡他热

部　位	病理变化	疫病范围
胃	黏膜上有出血斑	炭疽、马传染性贫血、鸡新城疫、猪霍乱、禽流感
	第四胃出血	羊快疫
	胃黏膜溃疡	坏死杆菌病
肠	回盲瓣处有纽扣状溃疡	猪　瘟
	盲肠肥大，内有带血干酪样物	鸡球虫病
	肠系膜淋巴结肿大，呈砖红色	猪肠炭疽
	浆膜下有出血点	炭疽、猪瘟、败血症
	肠系膜上有结节	结核病
	十二指肠卡他性炎症	猪丹毒
	集合滤泡肿胀	马传染性贫血、炭疽、白血病、猪霍乱
	黏膜上有黄灰色假膜	仔猪副伤寒
	大肠出血，内有大块溃疡	牛　瘟
肝脏	呈土褐色	钩端螺旋体病
	肝肿大、有白色坏死点	球虫病、禽霍乱
	实质内有硬结节	禽结核病、牛结核病
	显著肿大，呈豆蔻样色彩	马传染性贫血，梨形虫病
	灰白色斑点	弓形虫病
	脓　疡	坏死杆菌病
胆囊	胆囊出血	猪　瘟
	胆管肥厚、扩张	肝片吸虫病
肾脏	苍白，有针尖状小出血点	猪　瘟
	肿大发红，有大小不一的出血点	猪肺疫

部 位	病理变化	疫病范围
肾脏	极度肿大充血,有出血点	猪丹毒
	表面和切面有灰白色结节	结核病、鼻疽
	副肾充血、出血	炭疽、破伤风、狂犬病
	表面、切面粟粒状脓疡	大肠杆菌病
心脏	心包囊出血、有纤维素沉着,心外膜有出血点	猪瘟、禽流感、巴氏杆菌病、鸡新城疫
	虎斑心	口蹄疫
	心内膜出血	巴氏杆菌病、炭疽、马传染性贫血
	心瓣膜有疣状增生物	猪丹毒
肺脏	有出血斑	猪瘟、猪肺疫、炭疽
	有肝变	猪肺疫
	有粟粒大结节	结核病、鼻疽、寄生虫病
	有对称的灰红色或胶冻样实变	猪支原体肺炎
	胀肿	坏死杆菌病
气管	有泡沫状渗出物	巴氏杆菌病、猪支原体肺炎
	黏膜出血,有黏液性透明渗出物	鸡传染性喉气管炎
	黏膜上有溃疡、结节	鼻疽
	黏膜上有出血点	败血症
喉	喉黏膜出血	猪瘟
	喉部出血性炎症,有渗出物	鸡传染性喉气管炎
	喉头有假膜	牛恶性卡他热、牛瘟、坏死杆菌病
	喉头黏膜溃疡	鼻疽、结核病

部 位	病理变化	疫病范围
鼻腔	出 血	炭 疽
	鼻黏膜有粟粒大黄白色结节、糜烂、溃疡	鼻 疽
	鼻甲骨萎缩	猪传染性萎缩性鼻炎
口黏膜	有水疱、丘疹	牛口蹄疫
	有假膜	猪炭疽、禽痘、牛瘟、坏死杆菌病、猪霍乱
舌	肿大发硬,上有脓肿	放线菌病
	有大小不一的水疱、烂斑	口蹄疫
膀胱	膀胱中有血尿	钩端螺旋体病、梨形虫病
	黏膜有点状或树枝状出血	猪 瘟
子宫	内膜有粟粒大的灰黄色脓肿	布氏杆菌病
卵巢	卵巢变形,呈透明水疱或煮熟样	鸡白痢、鸡伤寒
睾丸	睾丸和附睾肿大、坏死	布氏杆菌病

进行尸体剖检时,要真实记载剖检时的病理变化,内容应简洁、具体。剖检记录要写清解剖时间和地点,动物的来源、种类、性别、年龄、品种、毛色、用途以及死亡日期和病史等,还要记录体表检查和内部检查的病理变化以及综合诊断、结论等内容。

(二)病理组织学检查 在病理剖检难以得出初步结论时,可采取病料送实验室制作组织切片,在显微镜下检查,观察其细微的组织学病理变化,借以帮助诊断。

四、病原学检查

利用微生物学和寄生虫学的方法查出动物疫病的病原体，这是诊断动物疫病比较可靠的诊断方法。它是诊断疫病的一个主要环节，必须结合流行病学、临床症状和病理剖检变化等进行综合鉴定。

（一）细菌性疫病的病原学检查　通常是依据病原菌的形态、生化反应、抗原性等进行检查。

1. 病原菌的形态学观察　病原菌的形态学观察包括显微镜下菌体的形态学观察和培养菌落的形态学观察 2 个方面。

（1）显微镜观察　主要是通过染色、镜检，观察菌体的形状（球形、杆形或螺旋形）、大小和排列规律。注意是否产生芽孢和芽孢生长的位置；注意染色反应，有无荚膜、鞭毛、菌毛等。染色程序分为以下几步。

第一步，涂片。血液、体液和乳汁等检样，可用接种环直接涂成均匀的薄层；培养的菌落、脓汁和粪便等，先在载玻片上滴 1 滴生理盐水，再用接种环取少许待检样与其混合，涂成薄层；脏器病料，可取一小块，将其新鲜切面在载玻片上触压或涂抹成薄层。

第二步，干燥。涂片自然干燥或在 37℃ 培养箱内干燥。也可用火焰干燥，但切勿在火焰上直接烘烤。

第三步，固定。包括以下 2 种方法：火焰固定，用于细菌培养涂片。将载玻片的涂抹背面在酒精灯火焰上通过几次，以有热感但不烫为度。化学固定，用于组织涂片。将标本浸入甲醇中 2～3 分钟，或在涂片上滴几滴甲醇，作用 2～3 分钟，自然干燥即可。

第四步,染色。包括单染和复染 2 种方法。运用 1 种染料进行染色的方法即为单染法,如美蓝染色法;运用 2 种或 2 种以上的染料或再加媒剂的染色方法称为复染法,如革兰染色法和抗酸染色法。

(2)菌落观察 主要是通过分离培养,观察菌落的大小、粗糙与光滑情况、隆起情况、透明情况和颜色等来区分和鉴别细菌种类。在液体培养基中生长后,细菌常呈现均匀浑浊、沉淀或形成菌膜 3 种不同情况。在固体培养基上培养的细菌,则在其表面出现肉眼可见的单个细菌集团,称为菌落。每种细菌的菌落都有一定的特征,如大小、隆起度、表面的性质、光泽、色素的产生、边缘的形状等。在半固体培养基中穿刺接种细菌,有鞭毛、能运动的细菌,沿穿刺线扩散生长;无鞭毛、不能运动的细菌,沿穿刺线生长。以此可区分和鉴别细菌的种类。

2. 病原菌的生化试验 相近的菌种单凭形态学检查不易区别,但是不同菌类的新陈代谢产物不同,可以检查其代谢产物以进行区别。因此,生化反应是鉴别病原菌的重要方法之一。

常用的生化反应有糖发酵试验、靛基质试验、服波氏(VP)试验、甲基红(MR)试验、柠檬酸盐利用试验、硝酸盐还原试验、硫化氢产生试验、明胶液化试验、尿素酶试验和牛乳试验等。

3. 血清学试验 细菌的细胞、鞭毛、荚膜以及毒素,都含有各种各样的抗原物质,这些抗原物质在血清学反应上是特异的。通过血清学试验可进行细菌属内分群和种内分型,能与某一已知阳性血清发生反应的菌种称为一群或一型,与另外一已知阳性血清发生反应的菌种称为另一群或另一型。这样可以把属内或种内抗原结构不同的病原菌分为若干群或型,这种群或型称为血清群或血清型。常用于菌种鉴别的血清学方法有凝集试验、沉淀试验、毒素中和试验、补体结合试验等。

(二)病毒性疫病的病原学检查 病毒性疫病的实验室诊断要求较高,除需要有高级的设备(如电子显微镜、超速离心机、超薄切片机、超低温冰箱、微量分析天平以及其他进行微量分析的测定分子量的高精仪器等)以外,还需要对病毒检验技术非常熟练的工作人员。

1. 病毒的分离培养鉴定 病毒的初步鉴定,主要是在详细调查流行病学的基础上,有目的地采取病料,有针对性地接种易感实验动物、禽胚胎和易感组织细胞,初步鉴定分离培养的病毒。如利用氯仿、酸、热敏感性试验以及阳离子稳定性试验等,可以了解已分离病毒的某些理化特性,然后测定已分离病毒的凝血性质和红细胞吸附特性,必要时还可用电子显微镜观察已分离病毒的形态。

2. 病毒的血清学鉴定 在初步分离鉴定的基础上,采用血清学试验方法鉴定病毒的种类。常用的血清学鉴定方法有中和试验、补体结合试验、红细胞凝集抑制试验、间接血凝试验、免疫扩散试验、免疫荧光抗体技术、免疫酶标记和实验交叉保护试验等。

(三)寄生虫性疫病的病原学检查 动物寄生虫性疫病的病原检查,常采用寄生虫卵、幼虫和虫体检查法。

1. 寄生虫卵和幼虫的检查 寄生虫卵检查常采取被检动物粪便、皮屑,用直接涂片法、沉淀法、浮聚法等方法确诊,寄生虫卵计数可对寄生虫的寄生量有一个大致判断。某些不易根据虫卵形态确诊的寄生虫病,可用幼虫分离培养法检查。

(1)直接涂片法 先在载玻片上加50%甘油水溶液或常水数滴,再用火柴或小木棒取粪便一小块,与载玻片上的液体混匀,去掉粪渣,将已混匀的粪便溶液涂成薄膜,厚度以能透视书报字迹为度,然后加盖玻片镜检。此法简便易行,但检出率低。

(2)沉淀法　利用虫卵的相对密度大于水的特性,取粪便5~10克置于容器内,先加水少量,搅拌成糊状,再加水适量继续搅拌,通过粪筛或双层纱布滤至另一容器内,然后加满水,静置15~20分钟,倒去上清液。如此反复水洗沉淀数次,直到上层液体透明为止。最后倒去上清液,用皮头吸管吸取沉渣1滴于载玻片上,加盖玻片镜检。此法可用于检查各种寄生虫的虫卵和卵囊。

(3)浮聚法　利用相对密度大于虫卵的溶液(如饱和食盐溶液)与粪便混匀,静置30分钟,使虫卵集中于液面。蘸取液面于载玻片或盖玻片上镜检。如先以筛滤法除去粗渣再倾去多余液体,则效果更好。

利用沉淀法或浮聚法时,为省时间,上述粪液可进行离心,以加强和加速其沉浮。

2. 寄生虫虫体检查　寄生虫虫体检查多采用肉眼观察、放大镜下观察和显微镜检查。如血液寄生虫应采血染色镜检,组织内寄生虫采取组织镜检,生殖器官寄生虫采取生殖器官黏膜表面刮下物或分泌物压片镜检,外寄生虫采取皮屑镜检等。

3. 寄生虫病免疫学检查　动物寄生虫病除运用虫体、虫卵和幼虫检查法确诊外,还有不少动物寄生虫病可运用免疫学方法确诊。

五、免疫学检查

免疫学检查是利用抗原和抗体特异性结合的免疫学反应进行诊断。用于检疫的免疫学检查方法主要有血清学检查法和变态反应检查法。

(一)**血清学检查法** 血清学检查法可采用已知的抗体来鉴定未知抗原，也可用已知的抗原来检测未知的抗体(血清)。常用的有凝集试验、琼脂凝胶免疫扩散试验、补体结合试验、红细胞凝集试验和中和试验等，还有酶联免疫吸附试验、免疫酶技术、免疫荧光技术、免疫电镜技术、单克隆抗体技术和放射免疫分析等，为动物疫病的检疫开辟了广阔的途径。血清学反应常用方法见表2-3。

表2-3 血清学反应常用方法

反应名称	抗 原	抗 体	辅助物质		表现形式	敏感度(以抗体蛋白质的量表示，纳克)
			电解质	其 他		
凝集试验	颗粒性抗原或吸附可溶性抗原的颗粒	凝集素	+	—	颗粒凝集成团	1～10
沉淀试验	可溶性抗原	沉淀素	+		生成沉淀	5000～10000
补体结合试验	颗粒性或可溶性抗原	补体结合抗体	+	补体、羊红细胞等	不溶积压	1～100
标记试验	颗粒性或可溶性抗原	标记抗体	+	光电检测仪等	光电信号	1～10
中和试验	病毒或外毒素	中和抗体	+	动物、细胞、鸡胚	无病变、不死亡	10

1. 凝集试验 某些微生物颗粒性抗原（如细菌、红细胞等），或吸附在乳胶、白陶土、离子交换树脂和红细胞的抗原与含有相应的特异性抗体的血清混合，在有适当电解质存在下，抗原与抗体结合，经过一定时间，形成肉眼可见的凝集团块，这种现象称为凝集。凝集中的抗原称为凝集原，抗体称为凝集素。

(1)直接凝集试验 指颗粒型抗原与抗体直接结合所出现的凝集现象，按操作方法可分为以下 3 种。

①玻片法 是一种定性试验。将已知的诊断血清与待检菌液各 1 滴，滴于载玻片上，充分混合，数分钟后，如出现肉眼可见的细菌凝集现象为阳性反应。本法适用于新从病畜分离的大肠杆菌和沙门氏菌等细菌的鉴定或分型。

②玻板法 是一种定量试验。将已知的诊断原与不同量的待检血清各 1 滴，滴于玻板上，充分混合，数分钟后，根据呈现凝集反应的强度进行判定。常用于布氏杆菌病、鸡白痢等的检疫。

③试管法 是一种定量试验。用于测定受检血清中有无某种抗体及其滴度，以辅助临床诊断或进行流行病学调查。操作时，先将受检血清用生理盐水进行稀释，然后加入已知抗原，感作一定时间后，呈现明显凝集现象的血清的最高稀释度，即为受检血清的效价或滴度。

(2)间接凝集试验 将可溶性抗原(抗体)先吸附于一种与免疫无关的、具有一定大小的不溶性颗粒(载体颗粒)的表面上，制成所谓的固相抗原(抗体)，又称为不溶性抗原(抗体)。然后与相应抗体(抗原)作用，在有电解质存在的适宜条件下，载体即可发生明显凝集，从而可显著地提高检测的敏感性。反应中的颗粒性载体起着"放大器"的作用。

当载体吸附了可溶性抗原后即称为致敏颗粒。根据致敏时反应的成分和方式,可将间接凝集试验分为以下 3 种。

①正向间接凝集反应　又称为正向被动间接凝集反应。是指抗原先吸附在载体(主要是红细胞和聚苯乙烯乳胶颗粒)上,然后与相应抗体结合产生凝集现象。如以红细胞作为载体,就称之为正向间接血凝反应;如以聚苯乙烯乳胶颗粒作为载体就称之为正向乳胶凝集反应。

②反向间接凝集反应　又称为反向被动间接凝集反应。是将特异性抗体吸附在载体表面,再与相应抗原结合,在适当电解质存在下,产生肉眼可见的凝块。因此,它与正向凝集反应以抗原来鉴定抗体正好相反,它是以抗体来鉴定抗原。

③间接凝集抑制反应　先将可溶性抗原(指未吸附在载体表面的可溶性抗原)加到相应抗体中,使抗体先和该可溶性抗原结合,则抗体不再凝集致敏的颗粒,这种反应称为间接凝集抑制反应。

(3)血凝和血凝抑制试验　某些病毒或病毒的血凝素,能选择性地使某种或某几种动物的红细胞发生凝集,这种凝集红细胞的现象称为血凝,也称直接血凝反应。当病毒悬液中先加入特异性抗体,且这种抗体的量足以抑制病毒颗粒或其他凝集素时,则红细胞表面的受体就不能与病毒颗粒或其血凝素直接接触,这时红细胞的凝集现象就被抑制,称为红细胞凝集抑制反应,也称血凝抑制反应。

2. 沉淀试验　可溶性抗原(细菌和寄生虫的浸出液、培养滤液、组织浸出液、动物血清和血清白蛋白等)与相应抗体结合,在适量电解质存在下,经过一定时间,出现肉眼可见的沉淀物,称为沉淀反应。参与沉淀反应的抗原称为沉淀原,抗体称为沉淀素。

根据沉淀试验的抗原抗体反应和外加条件,可分为液相沉淀试验、琼脂扩散试验、免疫电泳试验等三大类。

(1)液相沉淀试验 抗原与抗体的反应在液相中进行,并形成沉淀物,根据沉淀物的产生经过判定相应抗体或抗原。液相沉淀试验又分为絮状沉淀试验、环状沉淀试验和浊度沉淀试验等类型。

(2)琼脂扩散沉淀试验 所用琼脂凝胶含水量达99%左右,能允许分子量在20万以下的物质自由通过,而多数抗原和抗体的分子量均在20万以下,故能在琼脂凝胶中自由扩散。当二者在琼脂凝胶中相遇,便在最适比例处产生沉淀物,因为沉淀物的分子较大,不能往外扩散,故形成肉眼明显可见的沉淀带,称为琼脂扩散反应。

琼脂扩散反应根据其扩散的方向,分为单相(向)扩散和双相(向)扩散;根据抗原抗体二者是一方扩散,还是双方扩散,又分为单扩散和双扩散。

(3)免疫电泳试验 免疫电泳试验是将凝胶电泳和琼脂扩散相结合而建立的一种试验方法,由于加有电泳作用,使抗体或抗原在凝胶中的扩散移动速度加快,缩短了试验时间,同时限制了扩散移动的方向,使扩散集中朝电泳方向移动,增加了试验的敏感性,因此比凝胶扩散试验更进一步。根据试验的用途和操作不同又分为免疫电泳、对流免疫电泳、火箭免疫电泳等类型。

3. 补体结合试验 补体是一组球蛋白,存在于正常动物血清中,本身没有特异性,能与任何抗原抗体复合物结合,但不能单独与抗原或抗体结合。补体一旦被抗原抗体复合物结合后,不再游离。在进行有补体参与的反应时,多用豚鼠的新鲜血清作为补体的来源。

（1）溶菌反应　　即已知抗原（或抗体）和被检血清（或抗原）结合后在适量电解质存在的条件下，形成抗原抗体复合物，如加入补体，则出现细菌溶解现象，则称为溶菌反应。

（2）溶血反应（指示系统）　　绵羊红细胞与溶血素（抗绵羊红细胞抗体）发生特异性结合后，在有足量补体存在的条件下，出现红细胞溶解现象，称为溶血反应。

（3）补体结合试验　　是在补体参与下，并以绵羊红细胞和溶血素为指示系统的抗原抗体反应。整个试验包括补体、待检系统（已知抗体和未知抗原或已知抗原和未知抗体）以及指示系统（绵羊红细胞和溶血素）。补体结合试验的原理是根据补体是否被结合来说明待检系统中的抗原和抗体是否相应，而补体是否被结合则通过指示系统是否溶血来反映。试验时，先将抗原、抗体和补体加至试管或微量板孔中，使它们有充分优先结合的机会。孵育一定时间后，再加入指示系统。如待检系统中的抗原与抗体相应，则必然与补体结合而将补体消耗掉，指示系统因无补体参与，就不发生溶血，此为补体反应阳性；如待检系统中抗原与抗体不相应，则不结合补体，游离补体与指示系统中的抗原抗体结合，使绵羊红细胞溶血，此为补体反应阴性。

参与补体结合反应的各要素，均需预先定量，并设立各种相应对照。此试验适用范围广，且敏感性和特异性较高。

4. 标记试验　　是指用荧光素、酶、放射性同位素或电子致密物质等标记抗体或抗原所进行的试验，包括免疫荧光检验法、酶联免疫吸附测定法和放射免疫检查法。

（1）免疫荧光法　　是指用荧光素与抗体结合形成荧光抗体的抗原抗体反应。其原理是某些荧光素，如异硫氰酸荧光素、丽丝胺罗丹明 B 等受紫外线照射时，能使这种肉眼不可见的光变为可见的荧光。在一定条件下,荧光素与抗体分子结合后,可不影响抗体与抗原的特异性结合,当用这种荧光抗体对受检标本染色后,在荧光显微镜下观察,即可在黑暗的视野中看到闪烁荧光的细菌,利用这种现象便能对标本中相应的抗原进行鉴定和定位。荧光抗体染色技术主要有直接法、间接法和补体法3种方法。

(2)酶联免疫吸附试验 是当前应用最广、发展最快的一项新技术。抗原或抗体与酶结合形成酶的标记物仍保持免疫学活性和酶的活性。酶标记物与相应的抗体或抗原反应后,结合在免疫复合物上的酶在遇到相应底物时,催化底物产生水解、氧化或还原等反应,从而生成可溶性或不溶性的有色物质。颜色反应的深浅与相应的抗体或抗原量成正比。因此,可借助颜色反应的深浅来定量抗体或抗原。试验方法主要有间接法、双抗体夹心法和竞争法3种。

(3)放射免疫检查法 是一种特异性强、灵敏度高、简便易行的测量方法。它是以过量的未标记抗原(待测物)Ag与放射性物质标记的抗原 *Ag,竞争性地与不足量的特异性抗体 Ab 结合,形成 *Ag-Ab 或 Ag-Ab 复合物。反应达到平衡后,通过离心沉淀等方法,将 *Ag-Ab 和 Ag-Ab 复合物与游离的 *Ag 和 Ag 分离,测量其放射性,即可求得样品中抗原 Ag 的含量。此法由于仪器昂贵,且放射性废物不易处理,影响它的使用。

5. 中和试验 抗体使相应抗原(毒素或病毒)的毒性或传染性丧失的反应为中和试验。主要用于:一是从病料中检出病毒,或从血清中检出抗体,从而进行传染病的检验;二是用抗毒素血清检查被检材料中的毒素或鉴定细胞的毒素型;三是测定血清抗体效价;四是病毒株的种型鉴定。

6. 基因体外扩增技术 即聚合酶链反应，又称无细胞分子克隆技术，是 20 世纪 80 年代中期发展起来的一种快速的特定 DNA 片段体外扩增的新技术。具有操作简便、快速、特异性和敏感性高的特点，现已被广泛应用到生命科学、医学、遗传工程、疾病诊断以及法医学与考古学等领域。

(二)变态反应检查法 动物患某些疫病（主要是慢性传染病），可对该病病原或其产物的再次侵入产生强烈反应，这种反应称为传染性变态反应。变态反应具有很高的特异性，在动物检疫中，常用于诊断马鼻疽、结核病和布氏杆菌病等。

六、病料的采集、保存和送检

(一)病料采集的要求 病料采集时，应做到以下几点：第一，应做到无菌。用具、器皿必须严格消毒，避免外源性污染。第二，力求新鲜，最好在动物濒死时或死后数小时内采集。第三，应在药物治疗前采集，用药后会影响病料中微生物的检出。第四，要根据疑似病的类型和特点决定采集器官和组织的种类，如怀疑为猪瘟时可采集扁桃体、肾脏、淋巴结和脾脏；如怀疑为口蹄疫、水疱病时则采集水疱皮和水疱液。采样要有代表性，采取病变明显的部位，各种动物传染病实验室检验适用材料见表 2-4。第五，病料采集后，严格按要求包装，立即送检。

表 2-4　动物传染病实验室检验适用材料

病　名	适用材料
口蹄疫	淋巴结、未破溃的水疱皮和水疱液
猪　瘟	肝脏、肺脏、脾脏、肾脏、淋巴结、肠、扁桃体
绵羊痘	痘疹组织、病变皮肤、痘内淋巴液

病 名	适用材料
高致病性禽流感	新鲜的尸体、头或脑、脾脏
鸡新城疫	尸体、脾脏、肺脏、大脑
伪狂犬病	头或脑、肺脏、肝脏、脾脏
狂犬病	头或大脑海马角
炭 疽	血液、脾脏、淋巴结、水肿部结缔组织
布氏杆菌病	胎儿、胎衣、阴道分泌物、肝脏、脾脏、肺脏、淋巴结、奶、尿液
结核病	痰、气管黏液、奶、脓汁、肺脏、淋巴结、胸膜、肠、精液、粪便
放线菌病	脓肿组织块、脓汁
钩端螺旋体病	血液、尿液、肝脏、脾脏、肾脏、脑
猪丹毒	脾脏、肝脏、肾脏、心脏、淋巴结、管状骨、病变皮肤
猪肺疫	血液、肝脏、脾脏、肺脏、肾脏、管状骨
鼻 疽	鼻液、脓汁、肝脏、脾脏、肺脏、淋巴结
马传染性贫血	血液、肝脏、脾脏
马流行性淋巴管炎	未破裂的皮肤结节和皮肤结节内的脓汁
鸡传染性喉气管炎	气管分泌物
鸡白痢	新鲜尸体、肝脏、脾脏、心脏、雏鸡未剖开的胃、成鸡卵滤泡
鸭 瘟	肝脏、脾脏、血液、尸体
球虫病	粪便、肝脏、肠
兔出血症	病死兔肝脏、脾脏、肾脏

(二)各种病料的采集方法

1. 内脏和淋巴结 在病变严重的部位无菌采集 2 立方厘米左右的小方块,淋巴结应在病变组织器官邻近采取,分别置于灭菌容器内。

2. 脓汁和渗出液 未破溃的脓汁或渗出液可用灭菌注射器抽取,对化脓灶可用灭菌脱脂棉球浸蘸,直接注入或放入灭菌试管中。

3. 胃肠内容物 将胃或肠管表面火焰灭菌后,用灭菌注射器吸取内容物,对小肠可剪一小孔,用灭菌脱脂棉球蘸取肠内容物,放入灭菌试管或灭菌容器内。

4. 肠 将病变明显处约 10 厘米长的肠管两端结扎,自扎线外端 3 厘米处剪断,放入灭菌容器中。

5. 皮肤 在病变最明显处取 10 厘米×10 厘米的皮肤 1 块,放入灭菌容器中。

6. 血液 活体可在静脉血管、末梢血管采血,尸体常用心脏采血。采集后的具体处理方法如下。

(1)血清 静脉采血 5～10 毫升,注入试管内,待血清析出后,再吸取血清置于另一试管或小瓶中。

(2)全血 用灭菌注射器,吸取 5％柠檬酸钠溶液 1 毫升,再从静脉采血 10 毫升,动物尸体从右心房采血,混匀后注入试管或小瓶中。

(3)血片 采取末梢血液、静脉血液或心血涂片数张。

7. 脑、脊髓 取出脑和脊髓,一半放入 10％甲醛溶液瓶内,以供病理组织学检查时使用;另一半放入 50％灭菌甘油生理盐水瓶内,以供微生物检查时使用。

8. 小家畜、家禽 可整个包装送检。

9. 粪便和尿液 粪便可由直肠内采取,放入灭菌试管中;尿液可在自然排尿时采取,也可用导尿管采取 10 毫升置于灭菌试管中。

(三)病料的保存 采集的新鲜病料最好不加任何保存液,立即送检。若不能在短时间内送达,尤其在夏季,应加入适当的保存液并置于冰瓶中送检,但不能冻结。

1. 液体病料 在容器口加橡皮塞和软木塞,再用蜡封固。

2. 实质脏器等病料 保存于饱和盐水或30%甘油缓冲液中,容器加塞封固。

(四)病料的运送 无论派专人运送或邮送,都必须保证病料在运输途中不受污染、不腐败;包装应坚固,标明上下方向,防止倒置;应贴上标签、编号,注明病料名称等。

在运送检验材料的同时,必须附一份详细说明书,注明检验目的、动物年龄和性别、疫病发生地点和时间、发病数、死亡数、病历和剖检记录、怀疑为何种疫病、取材部位和取材日期、材料处理经过以及寄(送)件人姓名、地址、单位名称、送检日期等,作为实验室检验人员的参考。

第二节 动物检疫的处理

动物检疫的处理是指对检出的患病动物、染疫动物产品及其污染环境的处理。做好动物检疫处理,防止病害动物及其产品进入流通环节,可防止疫病扩散,保护人体健康,也是动物防疫工作的重要措施,是动物检疫工作的重要内容和环节。

一、动物检疫结果的分类

动物检疫结果包括合格和不合格。

(一)合格动物及动物产品 通过动物检疫而没有发现动物检疫对象(即法定检疫疫病)的动物,属于合格动物;通过动物宰前、宰后检疫,未发现动物检疫对象,其动物产品属于合格动物产品。对于合格动物及动物产品,应出具检疫合格证明。检疫合格证明包括书面证明(如动物产地检疫证明)、检疫印章和检疫标签。对合格的动物及其产品发给书面证明,动物胴体加盖检疫印章,动物分割产品加封检疫标签,动物及其产品运载工具发放运载工具消毒证明。

(二)不合格动物及动物产品 通过动物宰前、宰后检疫,发现有检疫对象的动物或动物产品,必须在动物检疫员的监督下,按照有关规定及时而正确地进行无害化处理,以达到控病灭病、保护人体健康的目的。

二、动物检疫的主要处理方法

动物检疫处理的方法是根据所检疫的疫病种类而确定的,针对传染源、传播途径和易感动物这 3 个基本环节,对不同的传染环节,采取不同的处理措施。

(一)对传染源的处理

1. 调查疫情 是指对动物进行详细的流行病学调查和分析,它是检疫处理的基础。通过调查疫情,掌握传染源的分布,并对传染源进行适当的处理,才能取得令人满意的检疫处理效果。

2. 报告疫情 是指在检疫过程中发现规定疫病或疑似规定疫病时,应及时按规定程序向上级动物防疫监督机构报告。疫情报告的疫病种类是检疫对象,若是一类传染病,应以最快的方式逐级上报。迅速而准确地报告疫情,对于上级机构掌握疫情,作出正确判断,及时控制疫情扩散都具有重要意义。

3. 检疫隔离 是指将检出的患病动物和疑似感染动物与健康动物隔离开来,以防传染。

（1）隔离患病动物　患病动物是指表现有明显临床症状或实验室检查阳性的动物。把患病动物隔离于不易散布病原体但便于消毒的地方，专人管理，严格消毒，搞好卫生，及时治疗或淘汰。隔离场所禁止闲杂人员出入，场内的用具、饲料、粪便等未经消毒不能运出。隔离期依该病的传染期而定。

（2）隔离疑似感染动物　疑似感染动物是指在检疫中未发现任何临床症状，但与患病动物或其污染的环境有明显接触的动物。如与患病动物同群、同圈、同槽、同牧、同水草和同用具的动物。这些疑似感染动物有可能处于潜伏期，因此需消毒后另选地方隔离饲养，限制其活动，详细观察。若出现症状者立即按患病动物处理。经过该病最长潜伏期仍无症状者，取消限制，转至假定健康动物群。假定健康动物群是指无症状、与患病动物无明显接触但在疫区内的易感动物。对假定健康动物应采取紧急预防、继续观察等措施，直至确认为健康动物，并经必要的安全处理后，方能与健康动物混群。

4. 封锁疫点、疫区　发生一、二类动物疫病时，由县级以上畜牧兽医行政部门划定疫点、疫区、受威胁区，一类传染病还需及时报同级人民政府封锁疫区。疫点和疫区都是疫源地，即是存在有传染源及其排出的病原体所能波及的地区，包括传染源、被污染的圈舍、牧地和活动场所，以及这个范围内的疑似动物群和贮存宿主。范围较小的疫源地或单个传染源所构成的疫源地称为疫点，如患病动物所在的圈舍、栏圈、场院、草地或饮水点。疫区一般是指疫病暴发或流行所波及的区域。疫区周围存在该疫病传入危险的地区称为受威胁区，疫区和受威胁区以外的地区是安全区。封锁是指疫情暴发后，为切断传染途径，禁止人、动物、车辆或其他可能携带病原体的动物在疫区与其周围区域之间出入。

（1）划区要求　动物疫病的疫点、疫区、受威胁区由各级畜牧兽医行政部门根据各疫病的特点、动物分布、地理环境、居民点和交通等条件划定，按规定程序报批后实施。

（2）疫点处理　严禁人、动物、车辆出入，严禁动物产品和可能被污染的物品运出。在特殊情况下人员必须出入时，需经动物防疫检疫人员许可，并经严格消毒后出入；对病死动物和同群动物，采取扑杀、销毁或无害化处理等措施，疫点出入口必须有消毒设备，疫点内的用具、圈舍、场地必须进行严格消毒，疫点内的粪便、垫料、受污染的饲草和饲料必须在动物防疫检疫人员的监督下进行无害化处理。

（3）疫区处理　疫区边缘的交通要道必须建立临时性检疫消毒站，禁止染疫和疑似染疫动物、动物产品流出疫区，禁止非疫区动物进入疫区，对出入人员和车辆进行药物消毒；疫区内关闭集市贸易；疫区内未污染的动物产品必须运出疫区时，需经县级以上畜牧兽医行政部门批准，在动物防疫检疫人员的监督下，经过外包装消毒后运出，疫区内非疫点的易感动物，必须进行检疫和免疫接种。

（4）受威胁区处理　各级畜牧部门、乡镇政府应动员和组织人员开展普查，建立免疫隔离带，随时监测动物群的状态。

（5）解除封锁的要求　疫点、疫区内最后一头患病动物被扑杀或痊愈后，经过该病 1 个潜伏期以上的监测、观察，未再出现新的患病动物，经过彻底消毒，由县级以上畜牧兽医行政部门检查合格后，按规定报批解除封锁，并通知邻近地区和有关部门，同时写出总结报告上报。

5. 扑杀患病动物　是消灭传染源的有力措施。扑杀主要是针对一、二类传染病而言，对三类传染病主要采取防治和净化措施。其处理原则是：在突发发病率或者死亡率较高、危害较大的传染病或过去没有发生过的新传染病时,要对染疫和疑似染疫动物及其同群动物扑杀并销毁;对患有人兽共患烈性传染病的动物,应扑杀;患有无特效药物治疗的传染病的动物应扑杀;对患病动物治疗、运输等有关费用超出动物本身价值的应扑杀。

6. 治疗患病动物 是指对可以挽救的患病动物进行治疗。由于各种疫病病况不同,特别是传染病不同于一般疾病,因此治疗疫病时应注意以下几点:一是不能造成疫病的散布,必须在严密隔离条件下进行治疗;二是尽可能早治;三是采取消除病原体致病作用与增强机体抵抗力相结合的治疗方案;四是用药物治疗应因地制宜,勤俭节约,整个治疗过程应在动物检疫员监督下进行。

7. 合理处理动物尸体 病死动物尸体含有大量的病原体,是特殊的、危险的传染源。应按《畜禽病害肉尸及其产品无害化处理规程》(GB 16548－1996)进行无害化处理。常用的处理方法包括以下几种。

(1)高温煮熟处理法 将肉尸分割成重2千克、厚8厘米的肉块,放在大铁锅内(有条件的可用高压蒸汽锅),煮沸2～3小时,使猪肉深层切开呈灰白色,牛肉深层切开呈灰色,且肉汁无血色即可。适用于一般性传染病尸体,如猪肺疫、结核病、弓形虫病等。

(2)化制处理法 即炼制法,可分土灶炼制法、湿炼法和干炼法3种。

①土灶炼制法 在炼制时先在锅内放入1/3的清水煮沸,再加入待炼制的脂肪或肥膘块,边搅拌边将浮油撇出,最后剩下油渣,用挤压法压出油渣内的油脂。这种方法适用于患一般传染病的动物尸体的处理,但不适用于患有烈性传染

病的动物尸体。

②湿炼法 是用湿化机或高压锅进行处理患病动物肉尸和动物废弃物的方法。炼制时将高压蒸汽通入机内炼制,或将肉尸分割成小块后,放入高压锅内高压蒸煮。此种方法可用于患烈性传染病的动物尸体的处理。

③干炼法 将分割的肉尸小块放入带有搅拌器的夹层真空锅内,通入蒸汽使锅内压力增高,并达到一定的温度,使脂肪液化从肉中析出。本法适用于患烈性传染病如炭疽、口蹄疫、猪瘟、布氏杆菌病等动物尸体的处理。

(3)尸体掩埋法 在较大的动物交易场所、动物装运中转站、屠宰场、动物饲养场等,应设置死亡动物尸体掩埋点。掩埋点应设在距离住宅、道路、水源、河流等较远及地下水位较低、土质干燥的地方。在掩埋时先向掩埋坑内撒布一层新鲜石灰或喷洒消毒药,尸体投入后,再撒一层石灰或喷洒消毒药,然后掩埋。掩埋后应注意防止人或动物将其扒出食用。本法适用于非烈性传染病的动物尸体的处理。

(4)尸体焚烧法 一般是将动物尸体投入尸体焚化炉内烧毁炭化,或挖一深1米以上的坑,并根据尸体多少确定长度和宽度,在坑内底部放入木材,再将动物尸体放在木材上,喷洒煤油或柴油点燃,直至将尸体烧成黑炭状为止,最后就地掩埋。本法适用于患国家规定的烈性传染病的动物尸体的处理。

(二)对传播途径的处理 切断传播途径的处理措施主要包括对环境、用具的消毒,以及杀虫、灭鼠等。

1. 消毒处理 检疫隔离场、患病动物停留过或经过的场地、圈舍以及接触过患病动物的工具、工作衣帽等,均应进行消毒;疫点、疫区内的场地、粪便、垫料、污物要消毒;出入疫点、疫区的人员、车辆要进行消毒;动物饲养场(户)、畜禽中转站、农贸市场、屠宰场(点)要消毒;运输动物及其产品的车辆、船舶、机舱,以及饲养用具、装卸用具,必须在装货前和卸货后进行清扫、洗刷和消毒等。

2. 杀虫 是指杀灭能传播疫病的媒介昆虫,包括蚊、蝇、虻、蜱和螨等节肢动物,这些节肢动物能以生物性方式或机械性方式传播多种疫病。杀虫的方法有物理杀虫法、化学杀虫法、生物杀虫法、不育法和驱避法等。

3. 灭鼠 鼠类是很多疫病的传播媒介,有时又是传染源,可以通过鼠体寄生虫、鼠的排泄物、鼠的机械性携带以及鼠直接啃咬等方式传播疫病。灭鼠一方面应从动物圈舍建筑和卫生措施着手,消除鼠类生存和活动的条件。另一方面是直接杀灭鼠类,包括机械灭鼠、药物灭鼠和生物灭鼠等。

(三)对易感动物的处理 其原则是提高易感动物的抗病能力,主要方法包括改善饲养管理条件、免疫接种和药物预防。

1. 改善饲养条件 合理饲养,科学管理,搞好环境卫生,提高动物的抵抗力。

2. 免疫接种 是用生物制品使易感动物产生特异的抵抗力。检疫处理中对易感动物进行的免疫接种属于紧急接种,也叫应急接种。它是指在发生、流行疫病时,为迅速控制和扑灭疫病,而对疫区和受威胁区内尚未发病的动物进行的应急性免疫接种。

应注意的是,检疫后的免疫接种处理,必须与隔离、封锁、消毒等措施相配合,注意建立免疫带。

3. 药物预防 是对易感动物群体投服药物,以防治被检出的疫病。但是长期药物预防易产生耐药性病原株,影响防治效果,甚至造成动物产品药物残留而为人体健康带来严重影响,并可能影响动物产品的对外贸易。所以,采用药物预防处理时应慎重,应根据动物产品的无公害生产要求进行药物预防。

三、动物检疫对象的处理

在动物检疫工作中,由于检出的检疫对象不同,其检疫处理也不同。

(一)对一类动物疫病的处理 在动物检疫中发现一类动物疫病,或疑似一类动物疫病,或地方规定的危害较大的新发现的传染病等,要立即上报,当地县级以上人民政府畜牧兽医行政管理部门应立即派人到现场,采集病料,定性定型,划定疫点、疫区、受威胁区,采取隔离和扑杀病畜、消毒、紧急免疫接种等强制扑灭措施,迅速扑灭疫情。

在动物交易市场发现一类动物疫病时,要立即停止交易。在运输中发现一类动物疫病时,必须停止全部动物的运输,就地隔离观察。在经营、屠宰、加工生产中发现一类动物疫病时,必须立即停宰、停调。不管哪个环节发现一类动物疫病,都必须认真追查疫源,采取紧急扑灭措施。

(二)对二类、三类动物疫病的处理 在动物检疫中发现二类动物疫病时,当地县级以上人民政府应当划定疫点、疫区和受威胁区,政府应根据需要组织有关部门和单位采取隔离、扑杀、销毁、消毒以及紧急免疫接种,采取限制易感动物及其产品和有关物品出入等控制措施。

在动物检疫中,发现三类动物疫病时,县、乡级人民政府应按照动物疫病预防计划和国务院畜牧兽医行政管理部门的有关规定,组织防治和净化。

但当二、三类动物疫病呈暴发性流行时，则应按照一类动物疫病进行处理。

（三）对人兽共患疫病的处理　当发现人兽共患疫病时，当地畜牧部门必须及时通知卫生部门，共同采取扑灭措施。这里所说的人兽共患疫病，不是指所有的人兽共患疫病，而是指规定的疫病，比如一类疫病中的口蹄疫、炭疽病，二类疫病中的布氏杆菌病、结核病、狂犬病、流行性乙型脑炎以及鼻疽，三类疫病中的钩端螺旋体病、日本血吸虫病和旋毛虫病等。

第三章　产地检疫

第一节　产地检疫的基本内容

一、产地检疫的概念

产地检疫是指动物及动物产品在生产地区（例如县境内）进行的检疫。产地检疫是动物及其产品进入流通环节前所实施的检疫，是其他检疫的基础，是贯彻"预防为主"方针的重要手段。通过产地检疫能够及时发现动物疫病，有利于及时采取防控措施，将动物疫病控制在户、场、村或单位，减少传播，便于扑灭，把经济损失减少到最小限度。产地检疫通过查验免疫耳标或免疫证明，起到以检促防的作用。

我国有关动物防疫的法律、法规规定，动物产地检疫实行报检制，供屠宰或肥育的动物提前 3 天报检；种用、乳用或役用动物提前 15 天报检；因生产生活特殊需要出售、调运和携带动物或动物产品的，应随报随检。

二、产地检疫的特点

（一）**工作量大**　目前，我国养殖业生产方式比较落后，饲养比较分散，产地检疫面对的是千家万户，因此要动用大量的人力，才能完成如此巨大的工作量。

（二）**方法简便实用**　产地检疫主要进行临诊检疫，若临诊检查健康，且来自非疫区，免疫接种在有效期内并佩戴免疫耳标,即为产地检疫合格。检疫器具简单,主要有检疫箱(包)、体温计、听诊器、刀、剪、镊、钩、棒、采样(血液、粪便、尿液)工具和容器等。

(三)基层实施 根据产地检疫面广、量大、分散等现状,产地检疫主要依靠县级动物检疫机构及其派出机构或派出人员实施检疫。对于种用、乳用、役用动物,须进行实验室检查,由县级以上动物防疫监督机构实施。

三、产地检疫的项目

动物产地检疫的项目包括当地疫情调查、免疫接种情况、临床健康检查等。

(一)当地疫情调查 了解当地疫情,确定动物是否来自非疫区。对疫区动物及其产品,在未控制、扑灭或宣布解除封锁之前,一律不准出具产地检疫合格证明。

(二)免疫接种情况 检查按国家或地方规定必须强制免疫预防接种的项目,如猪瘟、口蹄疫、高致病性禽流感、鸡新城疫疫苗接种等。检疫时必须认真查验免疫证明和免疫耳标,而且必须是在免疫有效期内。

(三)临床健康检查 对健康者出具动物产地检疫合格证明,对患病动物或疑似患病动物按照规定处理。

另外,外调种用、乳用、实验动物必须进行实验室检验,其必要项目检验均为阴性者,方可出具产地检疫合格证明。

四、产地检疫的要求

(一)做好疫病的定期监测 种用动物饲养场(户)按照规定和要求,每年对动物进行某些疫病(如结核病、布氏杆菌病等)的定期监测,以保障动物的健康,重要疫病应由当地动物防疫监督机构进行监测,饲养者必须依法接受监测。

(二)做好引种检疫　凡引进种用动物的单位或个人,在动物到场后,必须将其隔离一定时间,经检疫确认无规定疫病后才能使用。

(三)做好运前检疫　动物在调运前,必须经当地动物检疫机构实施检疫,并出具产地检疫合格证明。

五、产地检疫的方法

根据《畜禽产地检疫规范》(GB 16549—1996)和《动物检疫管理办法》规定,对于一般供屠宰的动物,以临床感官检查为主,对于种用、乳用、实验和役用动物,除临床检查外,还要按规定进行必要的实验室检查。

(一)临床感官检查　主要通过对动物静态、动态、饮食状态和体温检测等方面进行群体检查,判定动物的健康状况;对可疑动物主要采取看、听、摸、检的个体检查,具体方法参见本书第二章第一节内容。

(二)实验室检验　对种用、乳用和役用动物以及按规定对动物饲养场进行疫病抽样检疫时,应按照主要动物疫病国颁标准和农业部《动物检疫操作规程》进行实验室检查。

六、产地检疫出证条件

(一)动物产地检疫出证条件　一是被检动物必须来自非疫区;二是临床检查必须健康;三是有规定的免疫证明或免疫标志(耳号或耳标等),并且免疫在有效期内;四是种用、乳用和役用动物实验室检验结果应为阴性。

符合上述要求的,出具动物产地检疫合格证明。否则,应依法进行处理(参见本书第二章第二节内容)。其中对按规定应该有免疫证明或免疫标志而没有的,或免疫证明超过有效期的,检疫人员应依法进行处理,对动物进行补免并产生免疫力后,才能出具动物产地检疫合格证明。

(二)动物产品产地检疫出证条件 生皮、原毛、绒、骨、角等产品的原产地无规定疫情,并按照有关规定进行消毒。炭疽易感动物的生皮、原毛、绒等产品炭疽沉淀反应应为阴性,或经环氧乙烷消毒。精液、胚胎、种蛋的供体达到健康标准,无垂直传播疫病,其外包装必须经过消毒处理。

(三)产地检疫合格证明的适用范围 产地检疫证明用于县境内交易、运输的动物。经相邻两县畜牧兽医行政管理部门协商同意,两县毗邻乡镇之间交易的动物也可出具本证明。需要调出县境的,产地检疫合格后,可出具运输检疫证明。

(四)产地检疫合格证明的有效期 产地检疫动物流动的范围仅限于本县辖区,运输或流动的距离较短,所以动物产地检疫合格证明的有效期不宜过长。对于供屠宰的动物,一般不超过 2 天。种用、役用和乳用动物,可适当延长,最长不超过 7 天。出具运输检疫合格证明应视运输路程远近而定,最长也不超过 7 天。

动物产地检疫和运输检疫合格证明的填写应符合《动物防疫证照填写及应用规范》的要求。

第二节 各种动物的产地检疫要点

动物的产地检疫一般分为 2 个步骤,即群体检疫和个体检疫,具体方法参见本书第二章第一节内容。

一、猪的产地检疫要点

(一)群体检疫

1. 静态检查 健康猪多侧卧,头平着地,四肢伸开;爬卧时姿势自然,后肢屈曲在腹下;站立时平稳,两耳直立,拱寻食物,发出哼哼声,呼吸平稳均匀;被毛整齐有光泽,吻突湿润,鼻孔清洁,无眼眵,精神活泼。病猪则精神沉郁,离群,吻突触地,不断呻吟,全身颤抖,被毛粗乱无光,低头夹尾,反应迟钝或无力;呼吸困难、急促、咳嗽,严重者呈犬坐姿势;有眼眵,鼻端干燥,肛门和尾部沾有粪污等。

2. 动态检查 健康猪起立敏捷,四肢踏地,行动灵活,步样平稳;两眼前视,摇头摆尾;起卧或行走中常排粪尿,粪软尿清,排泄姿势正常。病猪则不愿起立,或站立不稳,行动迟缓,步样僵直,走路摇摆,低头夹尾,弓腰曲背;眼窝下陷,腹部上卷,跛行掉队;喘气咳嗽,叫声嘶哑,粪便干燥或呈水样,或附有黏液或血液,尿液发黄而黏稠。

3. 饮食状态检查 健康猪饥饿时发出叫声,抢食,大口吞咽食物并发出有节奏而清脆的声音,吃食有力,两耳和鬃毛震动,尾巴自由甩动,吃食时间较短,饱后腹部圆满,离槽自由活动。病猪则反应迟钝,懒于上槽,上槽后吃食无力,少食后即退槽,或嗅而不食,或只饮稀汁不吃干食或稠食,眼窝塌陷;有的则出现呕吐、咽下困难、流涎等现象。

(二)个体检查
对单个收购的猪,或从群体检疫中检出的病猪或疑似病猪,要逐头进行系统检查。主要检查猪瘟、猪丹毒、猪肺疫、猪口蹄疫、猪传染性水疱病、猪支原体肺炎、猪副伤寒、猪流行性感冒、猪萎缩性鼻炎、猪传染性胃肠炎等传染病和其他普通病。患传染病的猪体温一般都升高,但也要注意一些普通病如肺炎、肠炎等体温也升高。因此，在检疫时要将测体温与其他临床症状和实验室检查结合起来进行判断。

通常病猪表现倦怠、疲劳、嗜眠、喜卧懒动、潜伏垫料下，怕冷；耳根、颈部、下腹部和四肢内侧有红色出血斑点；眼结膜发炎，有黏性或脓性眼眵；呼吸促迫，行动摇摆不稳或跛行。公猪阴鞘内有恶臭液体，粪便硬结或腹泻，混有黏液或血液，有可能患有猪瘟。如呼吸困难、咳嗽，并发喘鸣声，鼻孔有泡沫或流黏稠液体，咽喉部肿胀，胸壁有压痛，呈犬坐姿势，下腹部有大片红紫色斑点，可能患有猪肺疫。如颈、胸、背、四肢等处有大小不同的圆形、方形、菱形的红色疹块，边缘凸起，手指按压时褪色，手指离开后复原，体躯消瘦或后肢麻痹，可能患有猪丹毒。如跛行、鸣叫、流涎、蹄部、口腔黏膜有水疱、烂斑或出血，并且在同群中有较多同样症状的病猪，可能是患了口蹄疫或传染性水疱病。如头颈部和耳部肿胀，则可能患有喉头炎。如呼吸次数达50次以上，呼吸困难，呈犬坐姿势，腹部有压痛，可能患有支原体肺炎。如呼吸困难，粪便呈液状且有恶臭气味，并混有黏液或血液，可能患有慢性猪瘟或肠炎。如被毛粗乱无光、消瘦、黏膜苍白，多为寄生虫病。猪常见临诊异常表现可疑疫病范围见表3-1。

表3-1 猪常见临诊异常表现及可疑疫病范围

检查项目	临诊表现	可疑疫病
精神状态和姿势	精神沉郁	猪丹毒、猪瘟、猪密螺旋体痢疾、猪肺疫、猪流行性感冒、猪弓形虫病
	先兴奋后麻痹	狂犬病、伪狂犬病、李氏杆菌病
	站立时吻突触地	猪支原体肺炎、猪水肿病

检查项目	临诊表现	可疑疫病
精神状态和姿势	强直	破伤风
	跛行	口蹄疫、猪传染性水疱病、猪丹毒
	步样踉跄	猪瘟、猪肺疫、猪副伤寒
	旋转运动	李氏杆菌病、伪狂犬病、猪瘟
	卧地不起	猪瘟、猪肺疫、猪丹毒
	犬坐姿势	猪肺疫、猪支原体肺炎、猪传染性胸膜肺炎
呼吸状态	呼吸困难	猪瘟、猪支原体肺炎、猪肺疫、猪水肿病、猪传染性胸膜肺炎、猪弓形虫病、猪炭疽、猪传染性萎缩性鼻炎
	气喘、腹式呼吸	猪支原体肺炎
	咳嗽	猪支原体肺炎、猪肺疫、伪狂犬病、猪弓形虫病、猪后圆线虫病、猪蛔虫病
可视黏膜	结膜发绀	猪霉形体肺炎
	脓性结膜炎	猪瘟、猪肺疫、非洲猪瘟
	流眼泪、有半月斑	猪传染性萎缩性鼻炎
	口、鼻有水疱和烂斑	猪口蹄疫、猪传染性水疱病
	鼻黏膜充血	猪瘟、猪丹毒
	鼻孔流黏液脓性分泌物或泡沫	猪瘟、猪支原体肺炎、猪肺疫、猪流行性感冒、猪传染性胸膜肺炎
	鼻盘干燥	猪瘟、猪丹毒、非洲猪瘟、猪肺疫
皮肤与被毛	皮肤充血或出血	猪瘟、猪丹毒、猪肺疫
	皮肤呈青紫色	猪肺疫、猪副伤寒、猪弓形虫病
	皮肤坏死	猪丹毒、非洲猪瘟、坏死杆菌病

检查项目	临诊表现	可疑疫病
皮肤与被毛	蹄部有水疱和烂斑	猪口蹄疫、猪传染性水疱病
	被毛粗乱逆立	各种传染病和寄生虫病
	全身脱毛或局部脱毛	寄生虫病、慢性猪瘟、猪肺疫
口腔与食饮	咽下困难	猪肺疫、猪炭疽、猪瘟
	呕吐	猪丹毒、猪副伤寒、猪瘟
	食欲减少	大部分传染病
	不食	猪瘟、猪副伤寒、猪肺疫
	渴感	猪瘟、猪副伤寒、猪传染性胃肠炎
排泄	腹泻	猪瘟、猪副伤寒、猪密螺旋体痢疾、非洲猪瘟、猪弓形虫病、仔猪白痢、仔猪黄痢、仔猪红痢、猪传染性胃肠炎
	便秘与腹泻交替	猪瘟
	血便	猪瘟、非洲猪瘟、猪密螺旋体痢疾、仔猪红痢、猪弓形虫病
	尿少而浓	猪丹毒
其他	高温	大部分传染病和部分寄生虫病
	消瘦与贫血	沙门氏菌病、大肠杆菌病、猪瘟、猪传染性胃肠炎、肠病毒性胃肠炎、猪痢疾、梭菌性肠炎、猪血凝性脑脊髓炎、猪瘟、钩端螺旋体病
	流产	布氏杆菌病、钩端螺旋体病、衣原体病、李氏杆菌病、弯杆菌病、伪狂犬病、流行性乙型脑炎

二、牛、羊的产地检疫要点

（一）群体检查

1. 静态检查 健康牛、羊精神安定，站立平稳，卧时呈膝卧姿势；缓慢反刍，正常嗳气，呼吸平稳；鼻镜湿润，眼无分泌物；被毛整洁光亮；牛粪呈半干半稀、落地成堆状，没有臭味，羊粪呈黑色粒状。病牛、病羊则精神沉郁，姿态不稳，起立困难；鼻镜干燥；反刍时有时停或不反刍；被毛粗乱；腹泻，粪便恶臭常呈绿色或黑色，肛门周围和尾部有粪污；羊只离群独卧，体表局部肿胀或被毛脱落，或在墙角、木柱上蹭痒，或在无毛处出现丘疹或结痂，叫声嘶哑，呼吸困难，喘息咳嗽。

2. 动态检查 在驱赶放牧或牵引运动中进行动态检查。健康者行动平稳有力，精神充沛，眼睛有神；患病者拱背弯腰，跛行，耳、尾乏力不摇动，步行踉跄，离群掉队。

3. 饮食检查 健康者食欲旺盛，互相争食；患病者食欲不振或停食，少饮或不饮，饮水姿态异常，或饮水后咳嗽，吞咽有异常动作，肷窝凹下或臌胀。

（二）个体检查
将群体检查时剔除的患病或疑似病牛、病羊，进行逐个检查。必要时，采取病料送化验室检查。

牛检疫的主要疫病以口蹄疫、结核病、布氏杆菌病、炭疽、蓝舌病、牛流行热、牛地方性白血病、副结核、牛传染性鼻气管炎、牛病毒性腹泻-黏膜病为重点。对耕牛、繁殖用牛、乳用牛应做结核病变态反应和布氏杆菌病试管凝集反应的检查。在产地检疫中，要认真观察牛临诊表现，分析可疑疫病范围，并加以区别。牛常见临诊异常表现及可疑疫病范围见表3-2。

羊检疫的主要疫病包括口蹄疫、布氏杆菌病、蓝舌病、山羊关节炎脑炎、绵羊梅迪维斯纳病、羊痘和疥癣。检查时除复验群体检疫时所发现的病态外,还要注意检查可视黏膜、分泌物、排泄物、皮肤、被毛有无异常。羊常见临诊异常表现及可疑疫病范围见表 3-3。

表 3-2　牛常见临诊异常表现及可疑疫病范围

检查项目	临诊表现	可疑疫病
精神状态和姿势	兴奋,有攻击性而后麻痹	狂犬病、牛海绵状脑病
	先兴奋后麻痹,有奇痒	伪狂犬病、牛海绵状脑病
	沉郁	炭疽、气肿疽、梨形虫病、肉毒梭菌毒素中毒
	恶寒战栗	炭疽、牛瘟、牛流行热、恶性卡他热
	无神、呆立、流涎	牛瘟、口蹄疫、肉毒梭菌毒素中毒
	跛行	口蹄疫、气肿疽、牛流行热、牛病毒性腹泻-黏膜病
	卧地不起	口蹄疫、牛流行热、梨形虫病、牛肺疫
	旋转运动	李氏杆菌病、流行性乙型脑炎、多头蚴病
呼吸状态	喘息或呼吸困难	牛肺疫、牛传染性鼻气管炎、巴氏杆菌病、气肿疽
	呼吸频数和高热	大部分传染病
	咳嗽	牛肺疫、牛结核病、巴氏杆菌病、牛传染性鼻气管炎
可视黏膜	结膜苍白、黄染	梨形虫病、钩端螺旋体病
	结膜红肿,流泪	牛传染性结膜角膜炎、牛恶性卡他热、牛瘟、牛流行热
	鼻镜干燥	各种急性热性传染病
	鼻黏膜溃烂	牛瘟、牛肺疫、恶性卡他热、牛传染性鼻气管炎
	鼻流脓性鼻液	牛瘟、恶性卡他热、牛肺疫

检查项目	临诊表现	可疑疫病
可视黏膜	口流线状黏液	口蹄疫、牛瘟、肉毒梭菌毒素中毒、恶性卡他热、蓝舌病
	口黏膜坏死溃烂	牛瘟、恶性卡他热、蓝舌病
	口黏膜有水疱、烂斑	口蹄疫、传染性水疱性口炎
	阴道黏膜炎性肿胀	牛瘟、牛传染性阴道炎、恶性水肿
皮肤与被毛	被毛粗乱无光	各种疫病
	头、颈、咽、胸部水肿	牛巴氏杆菌病、炭疽
	腹下水肿	恶性水肿、炭疽
	肌肉丰厚部位肿胀	口蹄疫
	体表淋巴结肿大	结核病、泰勒虫病、梨形虫病
	脱毛、表皮增厚、龟裂	螨病
	阴户红肿	牛瘟、恶性水肿、炭疽
采食状态	食欲减退	口蹄疫、牛肺疫、梨形虫病
	食欲废绝	炭疽、气肿疽、恶性卡他热、牛流行热
	咀嚼困难	口蹄疫、放线菌病
	吞咽困难	牛巴氏杆菌病、蓝舌病、狂犬病
	反刍停止	多种严重经过的疫病
排泄	腹泻	牛副结核、牛巴氏杆菌病、牛瘟、恶性卡他热、球虫病、大肠杆菌病、牛病毒性腹泻-黏膜病
	恶性血便	炭疽、球虫病、副伤寒
	便秘	高热性疫病初期
	血尿	梨形虫病、炭疽、钩端螺旋体病
体温	升高	炭疽、梨形虫病、牛肺疫、气肿疽、恶性卡他热、恶性水肿、牛流行热等

表3-3 羊常见临诊异常表现及可疑疫病范围

检查项目	临诊表现	可疑疫病
精神状态和姿势	兴奋不安,有攻击性	狂犬病
	兴奋不安或沉郁昏睡	羊肠毒血症、羊脑包虫病
	倦 怠	羊巴氏杆菌病、羊痘
	肌肉震颤	伪狂犬病、羊脑包虫病、羊梨形虫病、羊肠毒血症
	突然倒地,腹部膨胀	羊快疫、羊炭疽
	肢体软弱痉挛	羊肠毒血症、羊脑包虫病、羊快疫
	回转运动	脑包虫病、羔羊莫尼茨绦虫病、羊鼻蝇蚴病、伪狂犬病
	跛 行	口蹄疫、蓝舌病、山羊关节炎脑炎
	卧地不起	梨形虫病、羊脑包虫病、羊黑疫、羊猝狙、羔羊痢疾
	回头顾腹	羔羊痢疾、羊肠毒血症、羊巴氏杆菌病、羔羊大肠杆菌病
呼吸状态	呼吸困难	羊快疫、羊痘、羊鼻蝇蚴病、蓝舌病、羊猝狙、羊肠毒血症、绵羊进行性肺炎
	呼吸频数	大部分急性热性传染病
	咳 嗽	羊痘、山羊传染性胸膜肺炎、羊巴氏杆菌病、羊肺线虫病
可视黏膜	结膜潮红	羊快疫、羊肠毒血症、羊副伤寒、羊痘、羊链球菌病
	结膜发绀	羊传染性胸膜肺炎、羊巴氏杆菌病
	结膜苍白、湿润	羊梨形虫病、羊副结核病、羊肝片吸虫病
	眼睑肿胀、充血、流泪	羊痘、山羊传染性胸膜肺炎
	鼻黏膜发炎或有烂斑	羊痘、羊鼻蝇蚴病、蓝舌病
	鼻镜干燥	羊热性传染病

检查项目	临诊表现	可疑疫病
可视黏膜	鼻流黏液	羊痘、羊快疫、羊鼻蝇蚴病、羊链球菌病
	鼻流带血黏液	羊巴氏杆菌病、山羊传染性胸膜肺炎
	口黏膜有水疱和脓疱	羊痘、口蹄疫、羊传染性口炎
	口流血样泡沫	炭疽、羊快疫
	口腔黏膜有烂斑或溃疡	口蹄疫、蓝舌病、羊坏死杆菌病
	流涎	口蹄疫、羊痘、羊肠毒血症、蓝舌病、羊链球菌病
皮肤与被毛	皮肤疹	羊痘
	皮肤出血	羊泰勒虫病、蓝舌病
	皮下水肿	羊快疫、羊巴氏杆菌病、羊黑疫、羊肝片吸虫病
	蹄部皮肤有水疱、烂斑	口蹄疫
	脱毛部皮肤发红粗糙	羊疥癣病
	局部皮肤坏死	羊钩端螺旋体病
	体表淋巴结肿胀	羊泰勒虫病、羊伪结核病
异常声音	咳嗽，鸣叫	山羊传染性胸膜肺炎
	喷嚏	羊痘、羊鼻蝇蚴病
	咬牙	羊炭疽、羊快疫、羊猝狙、羊肠毒血症、羔羊莫尼茨绦虫病
	呻吟	山羊传染性胸膜肺炎、羊肠毒血症
采食状态	食欲废绝	羊快疫、羊巴氏杆菌病、羊链球菌病、羊肠毒血症
	吞咽困难	羊巴氏杆菌病、羊链球菌病、蓝舌病
	反刍停止	山羊巴氏杆菌病、蓝舌病、羊链球菌病

检查项目	临诊表现	可疑疫病
排泄	腹泻	羊巴氏杆菌病、大肠杆菌病、羔羊痢疾、羊肠毒血症、羊球虫病、羔羊莫尼茨绦虫病
	血便	蓝舌病、羔羊痢疾、羊炭疽、羊球虫病、羊巴氏杆菌病
	血尿	羊梨形虫病、羊钩端螺旋体病、羊炭疽、羊巴氏杆菌病
体温	升高	炭疽、梨形虫病、气肿疽、恶性卡他热、恶性水肿

三、马属动物的产地检疫要点

(一)群体检查

1. 静态检查 健康者站立时精神安定,机警灵敏,稍有响动或有人接近,两耳即竖立表现警惕;卧下时,前肢屈卧,神态安静,有时与邻马啃痒或厮咬,粪便呈卵圆形落地即碎。而患病者站立不稳,弓腰蜷腹,低头耷耳,精神沉郁,常横卧回头顾腹或起卧不安;呼吸困难,喘气,有磨牙声;眼和鼻流黏液性或脓性分泌物;被毛无光泽;排稀便或排带黏液或血液的粪便,肛门或尾部常附着有粪便污物。

2. 动态检查 健康者精神活泼,步样轻快,速步时昂头翘尾;患病者行动迟缓,跛行,严重者后躯僵直,走路如同木马。

3. 饮食检查 健康者饮食有力,食欲旺盛,互相争食;患病者食欲不振,饮水少或不饮水,咀嚼、吞咽困难,幼畜常见有异食癖。

(二)个体检查 以检查炭疽、鼻疽、马传染性贫血为主,主要检查姿态、步样、可视黏膜、分泌物性状、被毛、淋巴结、排泄物、呼吸和脉搏等。马属动物常见临诊异常表现及可疑疫病范围见表 3-4。

表 3-4 马属动物常见临诊异常表现及可疑疫病范围

检查项目	临诊表现	可疑疫病
精神状态和姿势	精神沉郁	马传染性贫血、马流行性感冒、非洲马瘟
	兴奋狂躁	狂犬病
	沉郁或兴奋	马传染性脑脊髓炎、日本乙型脑炎、狂犬病
	恶寒战栗	炭疽
	肢体强直	破伤风
	站立不稳	狂犬病、炭疽、日本乙型脑炎
	异常面貌	狂犬病、破伤风、马传染性脑脊髓炎
	跛行	马副伤寒、坏死杆菌病
	步态跟跄	马流行性感冒、马传染性脑脊髓炎、马传染性贫血、马梨形虫病
呼吸状态	呼吸困难	急性热性传染病、鼻疽
	呼吸频数伴高热	大部分传染病
	咳嗽伴发热	马腺疫、马鼻疽
可视黏膜	结膜苍白、黄染	马传染性贫血、马梨形虫病、马钩端螺旋体病
	脓性结膜炎	马流行性感冒、马腺疫
	鼻黏膜有结节、溃疡、瘢痕	马鼻疽、马流行性淋巴管炎
	鼻黏膜出血	马传染性贫血、马鼻疽
	鼻腔泡沫样出血	炭疽
	口黏膜、舌下有出血点	马传染性贫血

检查项目	临诊表现	可疑疫病
皮肤与被毛	颌下、颊部水肿	马巴氏杆菌病、马腺疫
	颈部、前胸水肿	炭疽、马巴氏杆菌病
	腹下、四肢水肿	马传染性贫血、梨形虫病、马病毒性动脉炎
	阴茎、包皮水肿	马媾疫
	皮肤溃疡	马鼻疽、马流行性淋巴管炎
	全身发汗	破伤风
	被毛粗乱无光泽	大部分疫病
淋巴结与淋巴管	颌下淋巴结肿胀、波动	马腺疫
	颌下淋巴结肿胀、硬固	马鼻疽
	腹下、四肢淋巴管肿胀	马鼻疽、马流行性淋巴管炎
口腔与饮食	牙关紧闭	破伤风
	吞咽困难	炭疽、马腺疫、狂犬病、破伤风
	流涎	狂犬病、马痘、马传染性脑脊髓炎
排泄	血便	炭疽
	腹泻、多尿	马传染性贫血
	血红蛋白尿	马腺疫、马流行性感冒、钩端螺旋体病
体温	高热	炭疽
	稽留热	马传染性贫血、马腺疫、马传染性胸膜肺炎、马流行性感冒
	间歇热	马传染性贫血、马媾疫、马伊氏锥虫病
	不定热	马鼻疽、马腺疫、马传染性胸膜肺炎

四、家禽的产地检疫要点

（一）群体检查

1. 静态检查 主要观察其外貌姿态、呼吸、羽毛、冠、髯和天然孔等。健禽卧时头缩在翅内，站时一肢高收；羽毛丰满光滑，冠、髯色红，两眼圆睁，头高举，常侧视，反应敏锐、机警。病禽精神委顿，打瞌睡；羽毛蓬松，缩颈垂翅，反应迟钝；呼吸促迫、困难，嗉囊胀大，冠、髯呈紫红或苍白色，口、鼻流黏液；泄殖孔周围羽毛污秽，粪便呈黄绿色、黄色或混有血液。

2. 动态检查 笼养或笼装禽不宜做动态检查，对舍饲的禽可检查外貌、行动和跳跃姿态。健禽精神充沛，行动敏捷，步伐有力，探头缩尾，两翅紧收，活泼乱跳；病禽精神委顿，行动迟缓，跛行或瘫痪，羽毛蓬松，翅、尾下垂，落于群后。

3. 饮食检查 健禽啄食连续，食欲旺盛，嗉囊饱满；病禽嗉囊空虚无食，内部坚硬或软如稀糊状。

（二）个体检查

禽检疫的主要疫病包括禽流感、鸡新城疫、鸡传染性喉气管炎、鸡传染性鼻炎、禽霍乱、禽伤寒、鸡痘、鸡马立克氏病、鸭瘟、鸭病毒性肝炎、小鹅瘟等。在检疫时，应注意观察其外貌、姿态、步样、头、冠、髯、嘴角、耳、眼、喉、嗉囊、颈、羽毛、皮肤、肛门、呼吸和采食、饮水状态等。发现精神委顿，翅、尾下垂，羽毛蓬松，姿态异常，头部肿大、苍白、贫血，冠水肿、苍白或发绀、有脓疮，肉髯肿大，口、眼流出分泌物，喉黏膜充血、有干酪样物或伪膜，食管膨大部空虚或肿大、硬固或稀软，皮肤无弹性，肌肉僵硬，胸部有水肿或气肿，小腿肿大，关节肿胀、化脓，肛门溃疡、坏死，叫声异常，呼吸促迫和不摄食的病禽应剔出做进一步检查。禽常见临诊异常表现及可疑疫病范围见表 3-5。

表 3-5　禽常见临诊异常表现及可疑疫病范围

检查项目	临诊表现	可疑疫病
精神状态和姿势	精神沉郁、委顿	多数传染病和寄生虫病
	翅麻痹下垂	鸡新城疫、鸡马立克氏病、鸡瘟
	腿脚麻痹	鸡新城疫、鸡马立克氏病、鸡瘟、鸡传染性脑脊髓炎、鸡球虫病
	劈叉姿势	鸡马立克氏病
	头颈后仰、捻转	鸡新城疫、鸡马立克氏病
	转圈运动	鸡新城疫、鸡瘟、鸡球虫病（小肠型）
	震颤痉挛	鸡传染性脑脊髓炎、鸡传染性法氏囊病
呼吸状态	仰头伸颈、张口呼吸	鸡新城疫、鸡瘟、鸡传染性喉气管炎、禽霍乱、鸡曲霉菌病、喉型鸡痘
	呼吸声音异常	鸡瘟、鸡传染性喉气管炎、鸡败血支原体感染、鸡新城疫、鸡传染性支气管炎、鸡痘、鸡传染性鼻炎、鸡曲霉菌病
	咳嗽	鸡传染性喉气管炎、鸡传染性支气管炎、鸡曲霉菌病
	鼻窦部肿胀	鸡传染性鼻炎、鸡瘟、鸡痘、鸡败血支原体感染
	流鼻液	鸡传染性鼻炎、鸡败血支原体感染、鸡瘟、鸡痘、鸡传染性喉气管炎、鸡传染性支气管炎
	流泪	鸡传染性喉气管炎、鸡痘、鸡传染性鼻炎
可视黏膜	结膜潮红	鸡新城疫、鸡瘟、鸡败血支原体感染
	结膜苍白	鸡球虫病和慢性传染病
	喉黏膜有假膜	鸡传染性喉气管炎、喉型鸡痘
皮肤、羽毛	羽毛蓬松	多种传染病和寄生虫病
	肛门周围羽毛沾污	多种有腹泻症状的传染病和寄生虫病

检查项目	临诊表现	可疑疫病
皮肤、羽毛	冠、髯发绀	禽霍乱、鸡新城疫、鸡瘟、鸡组织滴虫病、鸡曲霉菌病
	冠、髯苍白	鸡白血病、鸡球虫病、慢性禽霍乱、鸡马立克氏病、鸡住白细胞虫病和鸡伤寒
	冠、髯有黑色丘疹	鸡痘
	冠、髯萎缩	鸡白血病以及多种慢性传染病和寄生虫病
	冠、髯肿胀	慢性禽霍乱、鸡传染性鼻炎、鸡瘟、鸡葡萄球菌病
	皮肤肿瘤	鸡马立克氏病
	翅下、背部、腿部有脓疱	鸡葡萄球菌病
	脚爪肿胀	鸡葡萄球菌病
口、鼻和采食状况	少食或不食	多数传染病和寄生虫病
	口、鼻流黏液	鸡新城疫、鸡传染性鼻炎、鸡传染性喉气管炎、鸡传染性支气管炎、鸡败血支原体感染、鸡痘、鸡瘟
	嗉囊肿大且软	鸡新城疫、鸡传染性法氏囊病、鸡马立克氏病
排泄状况	下痢	鸡新城疫、鸡传染性法氏囊病、鸡白痢、禽霍乱、鸡白血病、鸡传染性支气管炎、鸡副伤寒、鸡伤寒
	绿色稀便	鸡新城疫、禽霍乱、鸡白血病等
	血便	鸡球虫病
	硫黄样稀便	鸡组织滴虫病
	白色痢便	鸡白痢、鸡传染性法氏囊病、鸡副伤寒、鸡伤寒

检查项目	临诊表现	可疑疫病
其他	眼部病变与头面部肿大	大肠杆菌病、鸟疫、鸡马立克氏病、禽败血支原体感染、鸡传染性鼻炎、鸡传染性喉气管炎
	贫血与消瘦	结核病、禽弯杆菌性肝炎、钩端螺旋体病、鸡白痢、禽伤寒、禽副伤寒、大肠杆菌病、禽淋巴白血病、鸡球虫病、鸡传染性法氏囊病、鸡传染性滑膜炎

五、其他动物的产地检疫要点

(一)家兔的产地检疫要点

1. 群体检查

(1)静态检查　健兔神态活泼,行动敏捷;两眼圆睁明亮,眼睑湿润,眼角干净;被毛整洁、丰厚,浓密有光泽;肛门干净,粪球光滑。病兔精神委顿,被毛粗乱;呼吸困难,不爱活动;眼睛无神,眼角有脓性分泌物,可视黏膜充血或贫血;偏头,口中流出胶样黏液,体质瘦弱;体温升高,体表有溃疡、脱毛;肛门、后肢和尾部有粪便污染,排稀便或便中带血等。

(2)动态检查　健兔精神饱满,两耳直立,有人接触或有意外声音,立即躲开,跳动有力;病兔不爱活动,有人接近时也不离去,两耳下垂,行动缓慢或呆立一隅。

(3)饮食检查　健兔食欲旺盛,咀嚼有力;病兔一般没有食欲,少食或只饮不食、吞咽困难等。

2. 个体检查

家兔的检疫以兔病毒性败血症、魏氏梭菌病、钩端螺旋体病、疥癣、球虫病等为重点。在进行个体检疫时,应注意观察外貌、姿态、步样、头、耳、眼、鼻、皮肤、被毛、肛门、四肢、粪便以及呼吸、采食、饮水状态等。发现精神不振,被毛松乱,两耳下垂、苍白,鼻、眼、脸部皮肤有脓肿物,外生殖器官有溃疡或结痂,眼无神且有分泌物,黏膜充血、发黄,耳壳内、颈和爪上有覆片层,四肢有污垢,粪便不成球形或过稀,肛门周围有粪便污染,呼吸异常或有咳嗽的病兔,应剔出做进一步检查。

(二)家养野生动物的产地检疫要点　家养野生动物性情凶猛,捕捉困难,且容易造成损伤,所以常将群体检疫与个体检疫结合起来进行,以视检为主,其他检疫为辅。

健兽发育正常,被毛光泽,肌肉丰满,呼吸平稳,饮食适当,肛门干净,对外来刺激易引起惊慌。

病兽发育不良,被毛无光泽、干燥或脱落,呆立或躺卧,两眼无神凝滞,或半闭或全闭。猫科动物第三眼睑突出。对外来刺激反应迟钝,兴奋不安,无目的地乱走,不顾障碍前行,转圈,乱咬物体。体温升高时,口和鼻端干热潮红,或饮多,尿少色深或变为血尿,呼吸次数增多,呼吸困难,鼻孔张开,鼻翼扇动,张口呼吸,粪便干硬色深,量少个小,表面带有浓稠黏液,或者粪便呈水样、粥样,不成形,或混有黏液、脓液、血液、气泡,气味恶臭、腥臭。

(三)蜜蜂的产地检疫要点　对蜜蜂群的检疫,多采用抽样检查的方法,抽样检查的蜂群一般不少于总数的 5%。蜜蜂的临床检疫以视检为主,观察蜜蜂的动作、形态、色泽和尸体状态,并嗅闻气味,必要时结合流行病学调查和实验室检查。为能仔细观察,可以采用触动的刺激方式,但应注意防止激怒蜂群导致蜇人,因此要忌黑色、暗色、汗臭、葱、蒜、酒、头发和毛织品,最好穿干净白色或浅色衣服。检查时间最好选在气温为 16℃ ～30℃ 的早上或傍晚。动作要轻稳,谨慎小心。蜜蜂的群体性强,因此应注意蜂群的情况。

健蜂蜂群分工严密,各司其职,工蜂早出晚归,进出巢门直来直去不绕圈子,工作积极勤奋,有条不紊。傍晚工蜂休息时,在巢门附近或上方聚集成片而不成单。健康的工蜂颜色鲜艳,出巢飞行敏捷,采蜜归来飞行沉稳,浊声明显。

如蜜蜂行动迟缓,不爱动,呆滞,不蜇人,可能患有传染病;表现激动可能患有寄生虫病或中毒;两翅震抖,可能患有麻痹病;腹部向下勾着爬行,可能患有枣花病。

如工蜂腹部膨大如同蜂王,可能患有痢疾、阿米巴原虫病,或甘露蜜中毒、饲料中毒;若工蜂蜂体瘦小,翅不完整,不能飞行,可能患有螨病。

如蜂体变色呈棕色,尾部三节发黑,可能患有孢子虫病;如蜂体颜色由乳白色至棕色,可能患有美洲幼虫腐臭病;如蜂体呈黄色,可能患有欧洲幼虫腐臭病。

患美洲幼虫腐臭病的蜂尸有鱼腥味,患欧洲幼虫腐臭病的蜂尸有酸臭味,患囊状幼虫病的蜂尸则无臭味。

患美洲幼虫腐臭病的蜂尸尾尖粘在蜂房底部,患欧洲幼虫腐臭病的蜂尸盘在蜂房底部,患囊状幼虫病的蜂尸像龙船样上翘。

六、共患动物疫病产地检疫鉴别要点

共患动物疫病较多,检疫时如发现一种动物有临床症状,还要注意了解其他动物是否也有类似症状,再确定是否共患疫病,同时要根据其典型特征认真鉴别,以便及时确诊。共患动物疫病的临诊异常表现及可疑疫病范围见表 3-6。

表 3-6 共患动物疫病的临诊异常表现及可疑疫病范围

共性症状			可疑疫病	鉴别要点
以急性发热为主	多数病例以急性发热为主		口蹄疫	急性发热伴有口、蹄水疱和烂斑
			炭疽	急性发热伴有黏膜发绀,天然孔出血
			巴氏杆菌病	急性发热伴有呼吸困难
			副伤寒	仔猪、犊牛、幼驹急性发热伴有腹泻,粪便恶臭
			痘病	急性发热伴有皮肤上的特征性痘疹
			梨形虫病	急性发热伴有贫血和黄疸
			锥虫病	伊氏锥虫病急性发热伴有高度贫血,体表水肿和黄疸
			伪狂犬病	急性发热的同时,牛伴有奇痒,猪伴有脑膜脑炎和败血综合征
	少数病例发热		钩端螺旋体病	急性短期发热伴有黄疸和血红蛋白尿,黏膜坏死
			结核病	长期低热伴有咳嗽,消瘦,体表淋巴结肿胀
			弓形虫病	仔猪急性发热伴有皮肤紫斑和呼吸困难,便秘
			日本血吸虫病	发热伴有腹泻、贫血和衰弱
			旋毛虫病	慢性发热伴有肌肉疼痛
			流行性乙型脑炎	发热伴有中枢神经功能显著障碍
以皮肤局部炎性肿胀为主	急性肿胀		炭疽	多发生在体侧和口腔、直肠黏膜,指压无捻发音,伴有天然孔出血
			巴氏杆菌病	多发生在咽喉和肉髯,指压无捻发音,伴有呼吸困难
			仔猪水肿病	多发生在头面部,并伴有神经症状
	慢性肿胀		钩端螺旋体病	少数病猪头、颈部乃至全身水肿,但多见于头部并伴有黄疸和血红蛋白尿
			锥虫病	腹下、胸下、四肢和外生殖器都有水肿,但偏重于外生殖器肿胀,伴有眼结膜特殊的油脂样色泽和出血斑

共性症状		可疑疫病	鉴别要点
以流产为主	其他症状不明显	旋毛虫病	皮肤局部肿胀伴有肌肉疼痛和腹泻
		布氏杆菌病	流产无明显季节性,体温不升高。流产胎儿皮下、浆膜、黏膜下出血,胎衣水肿附有纤维素性渗出物
		马沙门氏菌病	流产集中发生于产驹季节,均为死胎,流产胎儿皮下、浆膜、黏膜黄染,胎衣水肿有出血点
		猪流行性乙型脑炎	流产有季节性,流产胎儿大小不一且差别很大。有正常胎儿,有木乃伊胎,有刚死亡不久的胎儿,有的生后不久即死亡
	流产伴有其他突出症状	钩端螺旋体病	流产兼有贫血、黄疸、血红蛋白尿、皮肤黏膜坏死和水肿
		锥虫病	马媾疫流产伴有生殖器水肿、糜烂和愈后的缺色素白斑。伊氏锥虫病流产兼有间歇热、贫血、黄疸、水肿、黏膜出血和皮肤坏死
		弓形虫病	流产兼有发热、呼吸困难、淋巴结肿大
		日本血吸虫病	流产兼有腹泻、贫血、消瘦、衰弱
以肺部症状为主		结核病	慢性经过,具有肺部症状的同时,表现渐进性消瘦
		巴氏杆菌病	急性经过,具有肺部症状的同时,呈现高热和皮肤一定部位的肿胀
		弓形虫病	猪多呈急性经过,具有肺部症状的同时,体表淋巴结肿胀

各种动物检疫后的处理参见第二章第二节内容。

第四章　屠宰检疫

屠宰检疫是指进入屠宰加工厂（场、点）的动物,在宰前、宰后和屠宰过程中,检疫人员对动物和动物产品所实施的检疫,包括宰前检疫和宰后检疫2个环节。

第一节　宰前检疫

一、宰前检疫的概念和意义

宰前检疫是指对即将屠宰的动物在宰前实施的临床检查,包括查验检疫证明和免疫耳标以及检查动物是否健康。其意义如下。

一是可及早检出宰后检疫难以检出的疫病,如破伤风、狂犬病、肺炎、李氏杆菌病、胃肠炎、口蹄疫、脑包虫病和某些中毒性疾病等。因为这些疾病在宰前检疫时根据其临床症状不难作出判断,但在宰后一般无特殊的病理变化或因解剖部位（如脑部、肠系膜等）的关系,在宰后一般不进行详细的检查,往往被忽略或漏检。

二是可避免患病动物进入屠宰加工环节,防止疫情扩散,减轻对加工环境和产品的污染。同时,可根据动物的来源,查找到疫病的疫源地,报告当地或疫源地动物防疫监督机构,以尽快控制和扑灭疫情,保障畜牧业的健康发展。

二、宰前检疫的程序和方法

(一)宰前检疫的程序

1. 查验证件,了解疫情 待宰动物在卸车前,检疫人员应查验动物产地检疫合格证明,或运输检疫证明与运载工具消毒证明,核对检疫证明中所列的全部应检项目,检查检疫证明是否符合有关规定,是否有涂改、伪造或过期等,了解产地有无疫情,仔细检查动物,核对动物的种类和数量,耳标佩戴情况,如发现数量不符,或有途病、途亡情况,必须查明原因。若发现疫情或疑似疫情时,应立即将该批动物转入隔离圈内,进行仔细检查和必要的实验室检查,确诊后按有关规定处理。对无检疫证明、免疫标志的动物,应单独隔离观察一段时间再进行补检。

2. 视检动物,病健分离 经以上查验认可的动物,准予卸载,并施行外貌和动态检查。在卸载台到圈舍之间设置的长廊旁,检疫人员在适当的位置视检动物行进中的精神状态和行走姿势,家禽则采用飞沟检验法或障板检验法,对发现有异常的动物,分别进行标记,在走廊的端口,由检疫人员将带有标记的动物转移到隔离圈内。正常者入圈休息,待 12 小时断食观察后再进行宰前检疫。

3. 送宰检查 进入待宰圈的动物,经过一定时间的休息后,即可送宰。如数日后未送宰,则在送宰前必须进行一次复检。一般牛、羊在宰前 24～36 小时、猪在宰前 18～24 小时内停止投喂饲料,但应充分供给饮水,这样既可节约饲料,又能提高肉品质量,也便于屠宰加工和减少污染。禁食待宰期间,检疫人员应经常到畜群中进行观察,直至送到屠宰车间为止,以防漏检或出现新的病畜。经过检查认为健康合格者,方可出具送宰证明准予屠宰。

4. 宰前检疫的主要疫病 对即将屠宰的动物主要检查以下疫病:牛检查口蹄疫、炭疽;羊检查口蹄疫、炭疽、羊痘;猪检查口蹄疫、传染性水疱病、猪瘟、猪丹毒、猪肺疫和炭疽;禽检查高致病性禽流感、鸡新城疫、鸭瘟、白血病和鸡支原体病。

动物宰前检疫对象除上述主要检疫对象外,还应注意鼻疽、牛痘、恶性水肿、气肿疽、狂犬病、羊快疫、羊肠毒血症、马流行性淋巴管炎和马传染性贫血等烈性传染病。

5. 宰前检疫的方法 动物宰前检疫一般采用群体检查与个体检查相结合的办法。屠宰量较大的厂(场、点)多采用群体检查为主,个体检查为辅;屠宰量少的厂(场、点)或屠宰牛、马等大家畜的厂(场、点)多采用个体检查为主,群体检查为辅。

(1)群体检查 群体检查时按静态、动态、饮食状态三大环节进行,具体检查方法可参照本书第三章有关群体检查的内容。

(2)个体检查 对在群体检查中剔除的患病或可疑患病动物进行个体检查。个体检查应按看、听、摸、检四大要领进行,必要时还需进行实验室检验。检疫方法、项目以及病健动物表现鉴别要点见表 4-1。

表 4-1　宰前个体检疫的方法、项目以及病健动物表现鉴别要点

检疫方法	检疫项目	健康动物表现	可疑或染疫动物表现
看	精神、被毛和皮肤	精神活泼、膘肥体壮,耳目灵敏,被毛整齐有光,皮色正常,无肿胀、溃疡、出血等	兴奋或沉郁;被毛不洁、粗乱无光或脱落;皮肤有肿胀、皮疹或溃烂等;蹄、趾有肿胀、丘疹、水疱和溃疡等

检疫方法	检疫项目	健康动物表现	可疑或染疫动物表现
看	运步姿态	运步稳健,动作自如	跛行、僵硬、四肢弯曲、行走不稳、运步不协调
	鼻镜和呼吸动作	鼻镜不干不湿或有水珠,呼吸次数正常,胸腹式呼吸	鼻镜或鼻盘干燥或干裂;肺部有病时,呼吸次数增加,腹式呼吸且呼吸困难;脑炎或中毒时,呼吸减少或间断
	可视黏膜和分泌物	可视黏膜正常,无分泌物	可视黏膜苍白、潮红、发绀、黄染、肿胀、出血,有分泌物
	排泄物	粪便性状正常	粪便干燥或水样,血便、脓便或黏液便,血尿或尿液黄而稠等
听	叫声	马欢叫声,牛哞叫声,羊咩叫声,猪哼哼声,鸡咯咯声	叫声异常,有呻吟、磨牙、嘶哑、尖叫等
	咳嗽声	无	有
	呼吸音	肺泡呼吸音类似"夫",吸气清楚,呼气微弱	肺泡呼吸音强,有支气管呼吸音、干啰音、湿啰音和胸膜摩擦音等
摸	耳、角根,以判断体温	体温正常	体温高或低
	体表皮肤	皮肤柔软、富有弹性	皮肤厚硬或弹性差,有的有肿胀、疹块或结节
	体表淋巴结	大小、形状、硬度、温度、敏感性正常	急性肿胀、化脓
	胸廓和腹部	不敏感	敏感、有压痛感

检疫方法	检疫项目	健康动物表现	可疑或染疫动物表现
检	体　温	正常	升高或降低
	呼　吸	正常	异　常
	脉　搏	正常	异　常

（二）宰前检疫后的处理　经过宰前检疫的动物,根据健康状况和疫病的性质、程度,按照《畜禽屠宰卫生检疫规范》(NY 467－2001)的规定进行以下处理。

1. 准宰　经宰前检疫,凡是健康的动物,可签发准宰证明书准予屠宰。

2. 急宰　经检疫确诊为无碍肉食卫生要求的普通病患动物,以及一般性传染病的动物而有死亡危险时,可立即签发急宰证明书,送急宰间进行急宰。剔除病变部位销毁,其余部分按《畜禽病害肉尸及其产品无害化处理规程》(GB 16548－1996)中的要求进行高温处理。

3. 缓宰　经宰前检疫,确认为一般性传染病和普通病,且有治愈希望者,或患有疑似传染病而未确诊的动物应予以缓宰。缓宰时必须考虑有无隔离条件和消毒设置,以及经济价值等因素。缓宰的动物必须进行隔离。

4. 禁宰　凡是患有危害性大而且目前防治困难的动物疫病,或急性烈性传染病,或重要的人兽共患病,以及国外有而国内没有或国内已经消灭的疫病的动物,禁止屠宰,并按《畜禽病害肉尸及其产品无害化处理规程》(GB 16548－1996)中的规定方法处理。

经宰前检疫发现口蹄疫、猪水疱病、猪瘟、非洲猪瘟、非洲马瘟、牛瘟、牛传染性胸膜肺炎、牛海绵状脑病、痒病、蓝舌病、小反刍兽疫、绵羊痘和山羊痘、高致病性禽流感、鸡新城疫、兔出血热时,禁止屠宰,采取紧急防疫措施,并向当地畜牧兽医主管部门报告疫情。患病动物和同群动物用密闭运输工具送至指定地点,采用不放血的方法扑杀,尸体销毁。对患病动物所污染的用具、器械、场地进行彻底消毒。

经宰前检疫发现患有炭疽、鼻疽、恶性水肿、气肿疽、狂犬病、羊快疫、羊肠毒血症、羊猝狙、马传染性贫血、钩端螺旋体病、李氏杆菌病、布氏杆菌病、急性猪丹毒、牛鼻气管炎、牛病毒性腹泻-黏膜病、鸡新城疫、马立克氏病、鸭瘟、小鹅瘟、兔病毒性出血症、野兔热、兔魏氏梭菌病等的动物时,采取不放血的方法扑杀,尸体销毁或化制。

5. 物理性致死动物尸体的处理　查明原因,认真鉴别,凡确诊为物理性的挤压、触电、跌摔、水淹、斗殴致死的动物尸体,经检验肉质良好,并在死后 2 小时内取出内脏者,其胴体经无害化处理后可供食用。

另外,应注意的是,宰前检疫的结果和处理情况应进行记录并留档。

第二节　宰后检疫

一、宰后检疫的概念和特点

宰后检疫是指动物被屠宰后,对其胴体及各部组织、器官,依照法规及有关规定所进行的疫病检查。宰后检疫是确定屠宰的动物胴体和内脏能否食用的重要环节。有些病畜在发病初期或症状不明显时,通过宰前检疫,往往不易发现,必须经宰后检疫,才能作出正确的判定和处理。因此,宰后检疫是动物检疫的重要一环。

屠畜的宰后检疫以病理解剖学的理论为基础,但不同于一般的尸体剖检。第一,它是在生产环节对屠宰动物实施的同步检查;第二,它是对屠宰动物是否健康作出快速准确的判断;第三,为了保持商品的完整性,在检疫过程中,不允许对胴体和脏器任意切割;第四,要求动物检疫员能及时准确地识别各种疾病的早期病变。因此,宰后检疫时必须选择最能反映机体病理状态的器官和组织进行剖检,并严格遵循一定的方式、方法和程序,有的病例还必须结合宰前检疫进行综合判定。

二、宰后检疫的方法和要求

(一)宰后检疫的方法 以剖检方式来进行感官检查是宰后检疫的基本方法,即运用感觉器官,通过视检、触检、嗅检和剖检等方法,对胴体和脏器进行病理学诊断,必要时辅以病理组织学、微生物学、血清学等方法检查。

1. 视检 观察皮肤、肌肉、脂肪、胸膜、腹膜、骨、关节、天然孔和各种脏器的色泽、形态大小和组织性状等是否有异常,根据观察可为进一步剖检提供线索。如结膜、皮肤和脂肪发黄,表明有黄疸可疑,应仔细检查肝脏和造血器官;如颌骨膨大(牛、羊)则应检查是否患有放线菌病;皮肤病变对某些传染病如猪瘟、猪丹毒、猪肺疫的诊断具有指征性意义。

2. 触检 用手触摸或用刀触压受检组织和器官,判定其弹性和软硬程度。触检对发现组织器官深层肿块、结节病灶等病理变化具有特别重要的作用。

3. 剖检 借助检疫刀具剖开胴体和脏器的受检部位或应检部位,观察胴体或脏器的隐蔽部分、深层组织和应检部位有无异常,如检查咬肌或腰肌有无囊虫寄生等。

4. 嗅检 即通过嗅觉来鉴定胴体和脏器的各种异常气味,从而判定其患病状况。异常气味包括病理气味、酸败气味、腐败气味、性气味、尿臊味等。如动物生前患有尿毒症,肌肉组织常有尿臊味。

(二)宰后检疫的要求 宰后检疫多是在紧张的自动化生产线上进行,在短时间内,主要凭感官检查进行诊断和处理,这就为检疫人员的检疫操作提出了更高的要求。

第一,要求检疫人员必须熟练掌握各种传染病的指征性病变。所谓指征性病变,是指在宰后检疫的情况下,能为检疫人员提供具有启示性和特殊诊断意义的病理变化和现象,如肉品的黄染、皮肤的出血点、淋巴结的出血性变化等。

第二,能按规定迅速而准确地检疫动物胴体、内脏,不遗漏应检部位和项目。

第三,在规定部位剖检,切口深度、大小应适宜,切忌乱划或拉锯式切割,应顺肌纤维方向切开,不准横切,以保持商品的完整性和卫生质量。

第四,当切开脏器或组织的病变部位时,要采取措施,防止污染产品、地面、设备、器具和检疫人员的手。被污染器械应立即置于消毒液中消毒。

第五,检疫人员应做好个人防护,穿戴防护用具(工作衣帽、围裙、胶鞋和手套等),以保证操作卫生和个人安全。

三、各种动物的宰后检疫要点

(一)猪的宰后检疫要点 猪的宰后检疫一般分为头部、体表、胴体、内脏和旋毛虫检验以及出场复检等。

1. 头部检验　分两步进行,第一步在放血之后、烫毛或剥皮之前检查颌下淋巴结,主要检查炭疽、结核病和化脓性炎症。第二步在割头或劈半后,检查咬肌(查囊虫)、咽喉黏膜、会厌软骨、扁桃体以及鼻盘、唇、齿龈(注意口蹄疫、水疱病),主要检查炭疽、囊虫病、口蹄疫、传染性萎缩性鼻炎等。

颌下淋巴结检验一般由两人操作,助手以右手握住猪的右前蹄,左手持检验钩钩住颈部宰杀切口右侧中间部分,向右牵开切口。检验者左手持检验钩,钩住宰杀口右侧中间部分,向左牵开切口。右手持检验刀将宰杀切口向深部纵切一刀,深达喉头软骨。再以喉头为中心,朝向下颌骨的内侧,左右各做一弧形切口,即可在下颌骨内侧、颌下腺下方(胴体倒挂时)找出颌下淋巴结进行剖检(图 4-1)。

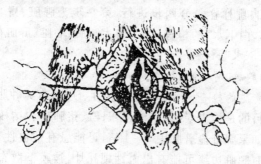

图 4-1　猪颌下淋巴结剖检术式

(摘自《实用动物检疫》)

1. 咽喉头隆起　2. 下颌骨角

3. 颌下腺　4. 颌下淋巴结

2. 皮肤检验　一般限于带皮猪,在脱毛后、开膛前进行皮肤检查,检疫的重点是猪瘟、猪丹毒和猪肺疫。主要观察皮肤的完整性和色泽的变化,注意耳根、四肢内外侧、胸腹部和背部等处有无点状、斑状、弥漫性发红和出血变化，有无疹块、痘疮和黄染等。应特别注意鉴别传染病、寄生虫病引起的出血点、斑与一般疾病引起的出血点、斑。由传染病引起的出血点和出血斑多深入到皮肤深层，水洗、刀刮、挤压和煮沸后均不消失。患猪瘟、猪肺疫时皮肤有出血点，有的呈现弥漫性出血，猪肺疫严重者，肉体皮肤全部红染，常称"大红袍"；患猪丹毒时皮肤出现疹块，俗称"打火印"，或腹部和全身性充血；猪弓形虫病引起的皮肤发绀伴有淤血斑和出血点；一般疾病引起的皮肤出血点和出血斑多发生在皮肤表层和固有层，刀刮易掉；鞭伤、电麻和疲劳等也可造成皮肤变化。如怀疑是传染病、寄生虫病引起的皮肤变化，应立刻打上记号，不进行解体，与健康胴体分开，进行全面检查。

3. 内脏检验　分两步进行，第一步为脾脏、胃、肠的检查，俗称"白下水"的检查；第二步为肺脏、心脏、肝脏的检查，俗称"红下水"的检查。

（1）脾脏、胃、肠的检查

①脾脏的检查　触摸脾脏的弹性、硬度、有无肿胀。检查脾脏的目的是检出炭疽、猪瘟、猪丹毒、猪肺疫和结核病等传染病。如果脾脏显著肿大 3～4 倍，可能患有败血性炭疽病；患猪瘟时脾脏边缘可能有出血性梗死灶，被膜下散布有鲜红色出血点；患猪丹毒时，脾脏肿大，切面呈暗红色或樱桃红色，脾髓松软。

②胃、肠的检查　先视检胃肠浆膜和胃网膜，必要时剖检胃、肠黏膜，检查有无充血、出血、胶样浸润、痈肿、糜烂、化脓等变化，检查肠系膜和胃网膜上有无细颈囊尾蚴寄生，慢性猪瘟在回盲瓣往往有纽扣状出血性溃疡。然后，再剖检肠系膜淋巴结，用左手扯起肠系膜，右手持刀划破肠系膜淋巴结，以

检验肠炭疽（图 4-2）。

图 4-2　猪肠系膜淋巴结剖检术式

（摘自《实用动物检疫》）

1. 小肠　2. 肠系膜　3. 肠系膜淋巴结

（2）肺脏、心脏、肝脏的检查

①肺脏的检查　先观察外表面有无充血、出血、水肿、变性和化脓等病变，再用手触摸肺脏内部有无结节、硬块等病灶，最后剖开支气管淋巴结和纵隔淋巴结，剖开其中每一硬结的部分，必要时剖检支气管和肺实质，观察有无呛血、电麻引起的肺出血和充血，支气管淋巴结有无传染病引起的病理变化，注意有无结核、寄生虫和各种炎症变化以及猪的肺炭疽。猪肺脏检查的目的主要是检出猪肺疫、结核病、弓形虫病、肿瘤、肺丝虫病和肺吸虫病等。

左支气管淋巴结的检查方法：用检验钩钩住左支气管向左牵引，用检验刀切开动脉弓和气管之间的脂肪直至左支气管分叉处，即可找到左支气管淋巴结（图 4-3）。

右支气管淋巴结的检查方法:检查者用检验钩钩住右肺尖叶,向左下方牵引使其翻转,用检验刀顺着肺尖叶的基部与气管之间,紧靠气管向下切开,深达支气管分叉处,即可找到右支气管淋巴结(图4-4)。

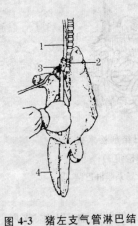

图4-3 猪左支气管淋巴结
悬挂式检查法
(摘自《实用动物检疫》)
1.食管 2.气管
3.左支气管淋巴结 4.肝

图4-4 猪右支气管淋巴结
悬挂式检查法
(摘自《实用动物检疫》)
1.右肺尖叶 2.食管
3.气管 4.右支气管淋巴结

②心脏的检查 视检心包和心外膜有无出血,然后沿动脉弓切开心脏(图4-5),检查房室瓣和心内膜,并注意检查心肌有无囊虫寄生。注意二尖瓣上有无菜花状赘生物(慢性猪丹毒的病变)。一般患急性传染病的猪心包、心内外膜、心脏实质常有出血现象。

③肝脏的检查 先视检其色泽、大小、表面有无损伤以及胆管状态,触检其弹性和硬度。然后剖检肝实质和肝门淋巴结,必要时,切开肝胆管和胆囊检查有无肝片吸虫寄生,注意有无淤血、出血、肿大、变性、坏死、硬化、萎缩、结节、结石、寄生虫等(图4-6)。

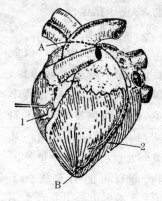

图 4-5 猪心脏检查法

(摘自《实用动物检疫》)

1. 纵沟——检验钩着钩处

2. AB线是纵剖心脏的切线

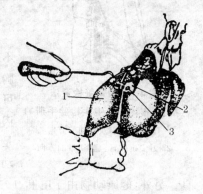

图 4-6 猪肝门淋巴结的悬挂检查法

(摘自《市场肉品卫生检验手册》)

1. 肝的腹面

2. 肝门淋巴结周围的结缔组织

3. 肝门淋巴结

(3)肾脏的检查 肾脏在胴体上与胴体同时检查。检查时,先用刀沿肾边缘割破肾包膜,然后钩住肾盂,并用力一拉,剥离肾包膜,露出肾脏,观察其外表,触检其弹性和硬度(不许剖开),注意有无淤血、充血和出血点以及其他病理变化(图4-7)。必要时,可剖检肾实质。其目的在于检出猪瘟、猪丹毒和猪肺疫等传染病。注意猪丹毒引起的"大红肾",猪瘟引起的"麻雀卵肾"。

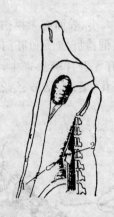

图 4-7　猪肾脏检查法
（摘自《市场肉品卫生检验手册》）
1. 肉钩牵引及转动的方向
2. 刀尖挑拨肾包膜切口的方向

膀胱、子宫等器官一般不进行检查，如有布氏杆菌病可疑时，检查生殖器官，注意有无红、肿等炎症变化。检查膀胱黏膜时，如有出血和树枝状充血，多见于猪瘟。

4. 胴体检验

（1）检查放血程度　放血不良时，皮下静脉血液滞留，胸膜和结缔组织的血管清晰可见，肌肉颜色发暗，挤压肌肉切面有少量血滴流出。凡是衰弱、过度疲劳和患重病的动物，都有可能引起放血不良。另外，健康动物由于电麻、放血方法不当也会引起放血不良，需要与病理性原因相区别。

（2）检查胴体病变　仔细检查皮下组织、肌肉、脂肪、胸腹膜、关节、筋腱、骨和骨髓等组织，观察有无出血、水肿、脓肿、蜂窝织炎、外伤、肌肉色泽异常和肿瘤等病变。

（3）剖检淋巴结　主要检查浅腹股沟淋巴结、深腹股沟淋巴结、颈浅背侧淋巴结、股前淋巴结，必要时，剖检颈深后淋巴结和腘淋巴结。淋巴结是免疫器官，各种致病因素作用于机体，通常最易引起反应，出现充血、出血、水肿、发炎、化脓或坏死等相应的病理变化。如猪的局限性炭疽，颌下淋巴结受损，表现肿大、充血，切面呈樱桃红色或深砖红色，散发紫红色或黑红色凹陷的坏死灶。败血型猪瘟，常表现为全身性出血性淋巴结炎，淋巴结肿大，表面呈暗红色，质地坚实，切面湿润，隆突,边缘的髓质呈暗红色或紫红色,并向内伸展形成大理石样花纹。

①腹股沟浅淋巴结的检查方法　检查者以检验钩钩住最后乳头稍上方的皮下组织,向外牵拉,用检验刀从脂肪层正中部纵切,即可找到该淋巴结(图 4-8)。

②腹股沟深淋巴结的检查方法　检查者先沿腰椎假设一条虚线 AB,再从第五、第六腰椎(即倒数第一、第二腰椎)结合处,斜向上方虚设一条直线 CD,使之和 AB 线相交成 30°～40°角。然后沿 CD 线切开脂肪组织层,可

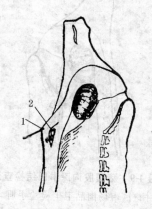

图 4-8　猪腹股沟浅淋巴结检查法
(摘自《实用动物检疫》)
1. 检验钩着钩处
2. 剖检切口与淋巴结

见到髂外动脉,沿此动脉在旋髂深动脉分叉处的上方找到腹股沟深淋巴结。在髂外动脉和腹主动脉分叉处附近找到髂内淋巴结(图 4-9)。

检查时应注意,主动脉分为髂内、髂外动脉的位置。常因猪的个体不同而向上或向下移位,淋巴结位置也随之变动。因此,检验时所做的切口(即 CD 线)常常要上下移动,有时需要向上移至腰、荐椎交界处,或向下移至第五腰椎体的前缘,才能找到髂外动脉。因此,猪腹股沟深淋巴结的位置,有时在靠近髂外动脉分出的旋髂深动脉处,甚至有时和髂内淋巴结连在一起。

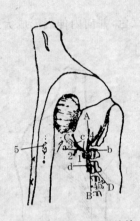

图4-9　猪腹股沟深淋巴结检查法

（摘自《市场肉品卫生检验手册》）

a.腹主动脉　b.髂内侧动脉

c.髂外侧动脉　d.旋髂深动脉

1.髂内淋巴结　2.髂外淋巴结

3.腹股沟深淋巴结　4.腹下淋巴结

5.腹股沟深淋巴结及剖检切口

AB 沿腰椎假设的垂直线

CD 剖检腹股沟深淋巴结的切口线

③颈浅背侧淋巴结的检查方法　检查者首先在被检胴体侧面，紧靠肩端处虚设一条横线 AB，以量取胴体颈基部侧面的宽度，再虚设一条纵线 CD 将 AB 线垂直等分，在两线交点向脊背方向移动 2～4 厘米处用检验刀垂直刺入胴体颈部组织，并向下垂直切刀，以检验钩牵开切口，在肩胛关节前缘、斜方肌之下，所做切口最上端的深处，可见到一个被少量脂肪包围的淋巴结隆起，即可剖开进行检查（图4-10）。

④股前淋巴结的检查方法　检查者用检验钩在最后乳头处钩住整个腹壁组织，向左上方拉开露出腹腔，并固定肉体。此时，可看到耻骨断面与股部的白色肥膘，将股薄肌围成一个半圆形红色肌肉区域。在此半圆形的顶点处（A）下刀，割一条深的弧形（AB）切口，刀刃应紧靠股部圆形的肌肉群向深处运行，切断股部肌肉群与肥膘层之间的结缔组织，注意不要切着肌肉，也不要使脂肪组织残留在肌肉上。当切口到达腰椎附近髂结节之下时，在股阔筋膜张肌的前缘，就可看到股前淋巴结（图4-11）。

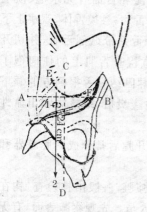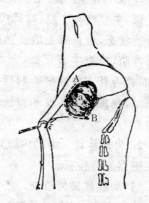

图 4-10　猪颈浅背侧淋巴结检查法　　**图 4-11　猪股前淋巴结检查法**

（摘自《实用动物检疫》）　　　　（摘自《市场肉品卫生检验手册》）

1. 颈浅背侧淋巴结　2. 切口线　　　　a. 由股薄肌形成的半圆形红色区

EF——肩端弧线　AB——颈基底　　　　AB 为切口线和运行方向

部宽度　CD——AB 线的等分线

（4）剖检肌肉　剖检腰肌、股内侧肌群和肩胛外侧肌等，主要检查有无囊虫寄生。

5. 旋毛虫检验　猪在开膛取出内脏后，从两侧膈肌脚各采样不少于 30 克，编上与胴体相同的号码，送旋毛虫检验室检验。检查时，撕去肌膜，先进行肉眼观察看有无小白点，然后从肉样上剪取 24 个小肉粒，在低倍显微镜下检查有无旋毛虫。同时，注意检查住肉孢子虫和钙化了的囊虫。发现旋毛虫后，根据号码查对尸体、内脏和头，进行统一处理。

（二）牛的宰后检疫要点　牛的宰后检疫顺序与猪基本相同，但检疫方法和着眼点略有不同。牛的宰后检疫顺序分为头部、内脏和胴体 3 个部分。

1. 头部检验 首先视检唇、齿龈和舌面有无水疱、溃疡和烂斑,主要检查牛瘟、口蹄疫和蓝舌病;触摸舌体,观察上下颌骨的状态,检查有无放线菌病;沿舌系带纵剖舌肌,并切开内外咬肌,检查牛囊尾蚴,水牛注意检查舌肌上的住肉孢子虫;顺着舌骨支内侧剖检咽后内侧淋巴结和舌根侧方的颌下淋巴结,观察咽喉黏膜和扁桃体,检查炭疽、结核病和出血性败血症等。

2. 内脏检验 牛的内脏较大,开膛后常分成胸腔脏器和腹腔脏器进行检查。

(1)胸腔脏器的检查 心脏和肺脏,一般吊挂检查,钩在两气管环之间,使纵隔面朝向检疫人员。先观察肺表面,有无结核病灶,有无充血、出血、溃疡、变性、肝变和化脓等病变,然后触检肺脏和气管,检查有无结核、肿瘤和化脓灶等。同时,剖检左右支气管淋巴结和纵隔淋巴结,检查有无病变。最后剖检食管,水牛常见有住肉孢子虫寄生。

检查心脏时,先剖开心包,检查有无心包炎和心外膜异常,然后切开左心和主动脉管,检查心内膜、瓣膜和心肌等有无病变,心脏内血液凝固情况,并注意心肌有无炎症、变性和囊尾蚴寄生。

(2)腹腔脏器的检查 肠、胃、脾脏、肝脏等通常放在平台上检查。检查胃、肠观察浆膜有无异常,必要时,剖检肠系膜淋巴结和胃黏膜;检查脾脏应注意其大小、色泽和外形,必要时剖检脾髓,如发现脾脏肿大,应疑为炭疽,必须立即采取相应措施;检查肝脏应注意其形态、大小、色泽等有无异常,并触检其弹性;剖检肝门淋巴结和肝胆管检查其硬度和有无寄生虫,再切开肝实质,检查有无结核、化脓、坏死和肿瘤等病变;母牛还应剖检乳房及其淋巴结和子宫,注意检查结核病和布氏杆菌病等。

3. 胴体检验 首先剖检髂下淋巴结、腹股沟深淋巴结和肩前淋巴结。剖检时，用检验钩固定胴体，在乳房后乳区的后方（相当于公畜阴囊上方）剖检腹股沟浅淋巴结，再用刀纵切开膝关节前下方（胴体倒挂）膝壁沟（由膝褶形成）中部内侧的棒状隆起物，即髂下淋巴结，用检验钩钩住前腿肌肉向斜上方（胴体倒挂）拉曳以固定胴体，在肩关节稍右下方隆起处顺肌纤维方向划一长约 10 厘米的切口，在切口的深部，剖检肩前淋巴结，注意淋巴结变化。然后在胴体内侧骨盆横径线稍下方（胴体倒挂）剖检髂内淋巴结、肌肉（尤其是臀股部肌肉、腰肌）、脂肪有无病变，并注意住肉孢子虫的寄生。

（三）羊的宰后检疫要点 羊的宰后检疫操作简单，头部检验时要注意口腔黏膜有无痘疮或溃疡等病变。内脏检验应注意脾脏是否肿大，如发现脾脏肿大，应通过实验室检查，排除炭疽可疑。对胃肠浆膜应注意观察有无异常，剖检肝脏注意有无变性、寄生虫、硬变或肿瘤等。其肉尸一般只用肉眼观察体表和胸腔、腹腔有无黄疸、炎症和寄生虫等。通常只剖检肩前淋巴结和股前淋巴结，发现可疑病变时，再剖开其他淋巴结，进行仔细检查。主要检查口蹄疫、羊痘和蓝舌病等。

（四）家禽的宰后检疫要点 鸡无淋巴结，鸭和鹅只有颈胸部和腰部两群淋巴结，而且很小，所以家禽的宰后检疫只检查胴体和内脏。

1. 胴体检验

（1）判定放血程度 煺毛后视检皮肤的色泽和皮下血管的充盈程度，以判定胴体放血程度是否良好。放血不良的家禽，皮肤呈暗红色或红紫色，皮下血管充盈，杀口留有血迹或血凝块。放血不良的家禽应及时剔除，并查明原因。

（2）体表和头部的检查　观察体表有无出血、水肿、痘疮、化脓和创伤等；检查眼、鼻、口腔有无病变；观察体表的清洁度，以判定加工质量和卫生状况。

（3）体腔的检查　对于全净膛的光禽，应检查体腔内部有无赘生物、寄生虫和传染病病变，还要检查是否有粪污和胆汁污染；对于半净膛的光禽，可用特制的扩张器由肛门插入腹腔内，张开后用手电筒或窥探灯照明，检查体腔和内脏有无病变和肿瘤。发现异常者，应剖开检查。

2. 内脏检验　全净膛加工的家禽，取出内脏后依次对其进行检查。

（1）肝脏　检查外表、色泽、形态、大小和软硬程度有无异常，胆囊有无变化。

（2）心脏　检查心包膜是否粗糙，心包腔是否积液，心脏是否有出血、形态变化和赘生物等。

（3）脾脏　检查是否有出血、肿大和变色，有无灰白色或灰黄色结节等。

（4）胃　检查腺胃、肌胃有无异常，必要时应剖检。剥取肌胃角质层后，检查有无出血、溃疡；注意腺胃黏膜、乳头有无出血点、溃疡等。

（5）肠管　视检整个肠管浆膜和肠系膜有无充血、出血和结节，特别注意小肠和盲肠，必要时剪开肠管检查黏膜。

（6）卵巢　母禽应检查卵巢是否完整，有无变形、变色和变硬等异常现象。

半净膛加工的家禽，肠管拉出后，按上述全净膛的方法仔细检查。

不净膛的家禽一般不检查内脏，但在体表检查怀疑为病禽时，可单独放置，最后剖开胸腹腔，仔细检查体腔和内脏。

3. 复检 对在生产线上检出的可疑光禽，一律连同脏器送复检台，进行详细检查，然后进行综合判断。

(五)家兔的宰后检疫要点 对家兔实施宰后检疫时，为了不让手直接接触兔的胴体而造成污染，常用有齿镊子和剪刀(或小刀)来固定和翻转胴体和内脏。

1. 胴体检验

(1)判定放血程度 正常兔肉颜色为粉红色(深红色者为老龄兔)，如果呈暗红色，则是放血不良的表现，用刀切断肌肉时，切面往往渗出小血滴;脂肪黄染而疑似黄疸时，可剪开背部、臀部肌肉和肾脏，观察肌肉和肾盂的色泽。

(2)检查体表和淋巴结 观察四肢内侧有无创伤、脓肿。检查主要淋巴结有无肿胀、出血、化脓、坏死和溃疡等病变。如果发现各处淋巴结肿大，尤其是颈部、颌下、腋下和腹股沟浅淋巴结呈深红色，并有坏死病灶者，应考虑是否患有野兔热和坏死杆菌病。

(3)检查胸腹腔 左手持镊子固定左侧腹部肌肉，右手持剪，将右侧腹部撑开，暴露出腹腔，检查胸腹腔内有无炎症、出血、化脓和结节等病变，有无寄生虫寄生。同时，观察留在胴体上的肾脏有无病变(正常兔肾脏呈棕红色)。

2. 内脏检验

(1)胃、肠、脾脏的检查 在开膛出腔后，将其放在胴体下方的检验台上进行检验。首先，观察胃的浆膜、黏膜有无充血、出血和溃疡(注意巴氏杆菌病);再观察盲肠蚓突和圆小囊有无散发性和弥漫性灰白色小结节或肿大(注意伪结核病)，注意小肠黏膜是否有许多灰白色小结节(注意肠球虫病)，盲肠、回肠后段、结肠前段浆膜和黏膜有无充血、水肿或黏膜坏死、纤维化(注意泰泽氏病);最后观察脾脏的大小、色泽，注意有无出血、结节和硬化等病变。脾脏肿大,有大小不一、数量不等的灰白色结节的,若其切面呈脓样或干酪样,是伪结核病的特征;若其切面有淡黄色或灰白色较硬的干酪样坏死,并有钙化灶,则为结核病的特征。

(2)心脏、肝脏、肺脏的检查 将心脏、肝脏、肺脏取出后,将其放在兔胴体下方的检验台上进行检查。检查肝脏时,注意肝脏的硬度、大小和色泽,有无脓肿和坏死灶,胆囊、胆管有无病变或寄生虫寄生。如肝脏表面有针尖大小的灰白色小结节,应考虑沙门氏菌病、泰泽氏病、野兔热、李氏杆菌病、巴氏杆菌病和伪结核病;巴氏杆菌、葡萄球菌和支气管败血波氏菌感染时,肝脏常有脓肿;肝脏患球虫病时,肝实质有淡黄色、大小不一、形态不规则,以及一般不突出于表面的脓性结节(必要时剖开胆管,取胆管内容物制备压片,镜检卵囊)。检查肺脏时,注意肺脏的大小、色泽和硬度有无变化,肺脏和气管有无炎症、水肿、出血、化脓和结节等病变。检查心脏时,注意心包腔有无积液,心脏表面有无粘连或纤维蛋白渗出物附着,心肌有无充血、出血和变性等。

(3)肾脏的检查 在取出胃肠后,即可看到连在胴体上的肾脏。观察肾脏有无充血、出血、变性和结节。如果肾脏一端或两端有突出于表面的灰白色或暗红色、质地较硬、大小不一的肿块,或在皮质部有粟粒大至黄豆大的囊泡,内含透明液体,则是肿瘤或先天性肾囊肿的病变。

3. 复检 为了保证兔肉和内脏的卫生质量,在包装工序前应设复检点,对前面的检验项目进行复检,着重检查胴体的伤斑是否修净,有无病变漏检等。

第三节 宰后检疫结果的登记与处理

一、宰后检疫结果的登记

在实施屠宰检疫过程中,应详细登记宰前、宰后检疫的结果和处理情况,并填写屠宰检疫登记表,将在屠宰厂(场、点)回收的有关检疫证明和登记表分类按顺序装订成册,以便统计和查阅。

二、宰后检疫的处理

(一)合格动物产品的处理 经宰前、宰后检疫合格的动物产品,检疫员应逐头(只)加盖全国统一使用的动物检疫验讫印章或加封动物检疫验讫标志,并出具《动物产品检疫合格证明》或《出县境动物产品检疫合格证明》。

(二)不合格动物产品的处理 经检疫不合格的动物产品,根据所确定传染病类型,加盖高温或销毁印章,并在驻厂(场、点)动物检疫员的监督指导下,按《畜禽病害肉尸及其产品无害化处理规程》(GB 16548-1996)中规定的高温、化制、焚毁等方法,由厂方(畜主)进行无害化处理,并填写无害化处理登记表。对不合格动物产品进行无害化处理主要有以下几种方法。

1. 高温处理法 是杀灭一切病原体最有效、最彻底的方法,有条件食用的动物肉尸和内脏可使用此法处理,病畜禽产品处理也可采用此法。对确定患有一般传染病或轻度感染寄生虫病和普通疾病、肉质良好、内脏仅个别器官有小部分病变的动物产品,经高温处理,可达到无害处理的目的。高温处理法主要包括高压蒸煮法和一般煮沸法。

（1）高压蒸煮法　把肉尸切成重不超过 2 千克、厚不超过8 厘米的肉块，放在密闭的高压锅内，在 112 千帕压力下蒸煮1.5～2 小时即可。

（2）一般煮沸法　将上述同样大小的肉块，放在普通锅内，从煮沸时算起，2～2.5 小时即可达到无害化处理的目的。

2. 化制　对患有传染病、不能食用的动物肉尸和内脏多采取此法处理。将病害肉尸和内脏以及生产线修割下来的带有病变的碎肉块，投入湿化机或干化机中进行化制（熬制工业油）。

3. 销毁　发生恶性传染病时使用此法，主要包括焚化法和掩埋法，在缺乏专门炼制设备的情况下常使用此法。有条件的地方可采用焚化炉将动物整个尸体或病变部位和内脏投入销毁炭化。

（1）焚化法　在适当地点，根据尸体大小，挖一长 1.5～2 米、宽 1～1.5 米、深 0.7 米的长形土坑，坑口横放 3 根木杆，坑底放上干草和木柴，将尸体架在木杆上，然后点燃坑底干草，等尸体焚烧完毕，再将掘出的泥土填在坑内，将土压实。

（2）掩埋法　即用土坑深埋尸体的方法。选择远离村庄、水源、交通要道、地势高燥的地方，挖一深坑，土坑大小应根据尸体大小而定，一般多用长方形，坑深必须达到尸体上面离地面 1 米以上，坑底和尸体周围撒一层生石灰或漂白粉，然后用土压实。

4. 药物消毒法　主要是使用漂白粉、过氧乙酸、石灰乳、盐酸、食盐等对病畜禽的血液、皮、毛、蹄、骨、角等实施消毒，以达到无害化处理目的的一种方法。

（1）漂白粉消毒法　主要用于患传染病以及血液寄生虫病的动物血液的消毒，按 4 份血液加 1 份漂白粉充分搅匀，放置 24 小时后掩埋即可。

(2)过氧乙酸消毒法　可用于病畜的毛皮消毒。具体方法是将毛皮放入新配制的 2％过氧乙酸溶液中浸泡 30 分钟，捞出用水冲洗后晾干即可。

(3)石灰乳浸泡消毒　用于螨病等病皮的消毒。具体方法是将螨病病皮浸入 5％石灰乳中浸泡 12 小时，然后取出晾干。

(4)碱盐液浸泡消毒　用于被传染病病原污染的毛皮的消毒。具体方法是将病皮浸入 5％碱盐液(饱和盐水内加 5％烧碱溶液)中，于室温(17℃～20℃)中浸泡 24 小时，随时搅拌，然后取出挂起，待碱盐液流净，放入 5％盐酸液内浸泡，使皮上的酸碱中和，捞出用水冲洗后晾干即可。

(5)盐腌消毒　用于感染布氏杆菌病病皮的消毒。用皮重 15％的食盐，均匀撒于皮张的表面。一般毛皮腌制 2 个月，胎儿毛皮腌制 3 个月，即可达到消毒目的。

第五章　市场检疫和监督

随着《中华人民共和国动物防疫法》的颁布实施，市场检疫将逐步向产地检疫和屠宰检疫过渡，转变为市场监督。但由于我国经济发展不平衡，产地和屠宰环节检疫监督手段跟不上，一些地方除生猪外其他畜禽的定点屠宰还未开展，因此市场检疫还会在一定时期或范围内存在，是实施产地检疫和屠宰检疫的必要补充。

第一节　市场肉类的检疫

一、市场肉类检疫程序

(一)询问并验证、验章

1. 询问货主　了解屠宰动物的来源、产地，有无疫情和流行情况，是否经过产地检疫，是否经过屠宰检疫等。

2. 查验证明　检查货主是否持有动物产品检疫合格证明，并核对胴体上的验讫印章或肉品包装上加封的检疫标志与检疫证明是否相符，对转让、涂改、伪造检疫证明，证物不符，无验讫印章或检疫标志者，应进行补检或者重检，并按规定进行行政处罚。

(二)胴体和内脏检疫

第一，对经过检疫的肉品，首先应视检头部、胴体和内脏的应检部位有无检验刀痕以及切面状态，以判定是否经过检疫和证实其检疫的准确性。

第二，当发现漏检、误检以及病死动物肉品或疑似某种传染病时，应进行全面检查，并进行相应的理化检验和包括沙门氏菌检验在内的细菌学检验。

第三，对牛、羊和马属动物，当发现放血不良并在皮下、肌间有浆液性或出血性胶样浸润时，必须补充检查炭疽。

第四，对未经检疫流入市场的肉品，必须进行全面补检。检查的着重点是：胴体的杀口状态和放血程度，全部可检淋巴结的状态，胴体上皮肤、皮下组织、脂肪、肌肉、胸膜、关节、肾脏、骨髓、筋腱以及连带内脏和头、蹄等有无异常，以控制病死动物肉流入市场。

（三）**检疫和处理**　在检查后，对有检疫证明且经检查符合要求的，准予销售；对需要进行补检的，检查合格后补发动物产品检疫合格证明，并同时加盖检疫验讫印章；对不符合规定要求的按有关规定进行处理。

（四）**登记**　经过检疫的产品必须做好登记工作。登记内容包括：当天上市的肉类品种和数量，持证情况、出证单位和编号；补检和重检的情况；检查出的不合格肉品的数量和情况。

二、各种动物肉类的市场检疫要点

（一）**猪**　重点剖检咬肌、腰肌、肩胛外侧肌、股内侧肌、心肌等以检查囊尾蚴病；采取横膈膜肌脚以检查旋毛虫病；剖检头部颌下淋巴结和咽喉部以检查慢性局限性炭疽；视检鼻盘、齿龈、舌面以检查口蹄疫；视检胸腹腔状态，以发现各种性质炎症；检查内脏时结合胴体状态，注意猪瘟、猪丹毒、猪肺疫所表现的皮肤、脏器、淋巴结等的相应病变。

（二）**牛**　剖检腰肌、臀肌、横膈膜肌、颈肌、咬肌和舌肌以检查牛囊尾蚴病；剖检颌下淋巴结、咽后内侧淋巴结，视检唇、齿龈、舌面、咽喉黏膜和上、下颌骨的状态，以检查口蹄疫、结核病、巴氏杆菌病和放线菌病；检查内脏和胴体时，注意放血不良或皮下、肌间有无浆液性或出血性胶样浸润和脾脏、淋巴结变化等，以检查炭疽。

(三)羊　视检唇、齿龈、舌面和头部皮肤状态，以检查口蹄疫和羊痘；视检皮下、肌间组织、胸膜以及内脏的状态，以检查炭疽和各种性质的炎症；视检肝脏、肺脏以检查棘球蚴和其他寄生虫。

(四)禽　着重检出病、死家禽，重点是检查皮肤、皮下组织、天然孔、体腔浆膜、体腔内残留脏器和尻部脂肪的状态，如半净膛胴体，注意检查肌胃和腺胃黏膜状态，以检查鸡新城疫。

(五)马属动物和骆驼　重点检查头部的鼻中隔和鼻甲部，并剖检喉头和颌下淋巴结以及肺脏，以检查鼻疽。骆驼尚需剖检咬肌、颈肌、腰肌等以检查囊尾蚴病。

(六)兔　视检胸腹腔和肌间脂肪，以发现各种性质的炎症和黄疸、黄脂。

(七)犬　采取横膈膜肌脚以检查旋毛虫病。

对食用动物副产品，应注意检查其新鲜度、污染程度、有无寄生虫和病理变化等。

三、病、死动物肉的市场检疫要点

病、死动物肉的鉴定是集贸市场肉品检疫监督的最主要内容之一。检疫时，尤其是当胴体与内脏不连同上市的情况下，必须特别注意发现濒死期急宰或病死宰杀的动物肉。检查时以感官检查和剖检为主，同时配合实验室检验，以作出正确的判定。

（一）感官检查

1. 放血部位的组织状态　注意观察宰杀口切面的状态及其周围组织的血液浸润程度。健康动物肉宰杀口向两侧外翻，切面粗糙不平，其周围组织有较大的血液浸染区，深达0.5～1厘米；急宰、病死或横死动物肉宰杀口不外翻，切面比较平滑，其周围组织稍有血液浸染现象。

2. 胴体放血程度　观察放血程度应以肌肉组织的色泽、血管内血液滞留的情况和肌肉新鲜断面状态为依据，如带有内脏，还要观察其色泽和肠系膜血管的允盈状况。观察时应在自然光线下进行。必要时，可做滤纸试验，即在肌肉上划一新鲜切口，插入宽0.5～1厘米的滤纸条，数分钟后观察滤纸被浸润的程度以判定胴体放血程度。健康动物肉放血良好，肉呈红色或深红色，脂肪呈白色或黄色，肌肉和血管紧缩，其断面不渗出小血珠，胸膜、腹膜、腹膜下的小血管不显露，滤纸条插入部分轻微浸润；急宰、病死或横死动物肉放血不良，肉呈暗红色或黑红色，肌肉断面上可见到个别的或多处的暗红色血液浸润区，并有小血珠，脂肪染成淡红色，胸膜、腹膜下小血管中含有余血或充满血液，剥皮胴体的表面常有多处血珠渗出，滤纸被浸湿并超出插入部分2～5毫米。

3. 血液坠积情况　血液坠积的发生是因死后血液状态改变及其再分配的结果。检查时，注意尸体和器官的低位尤其是躺卧侧的皮下组织、胸腹膜、肺脏、肾脏、肠管等有无血液坠积。濒死急宰或死后冷宰的动物胴体卧位侧的皮下组织、胸腹膜和成对器官的卧侧呈现暗紫红色树枝状沉积性充血。死后数小时的尸体，在其底部的皮下组织中，可见明显的血液浸润。

4. 胴体和内脏的变化　急宰、病死动物肉呈全身性的多器官组织变化。胴体的皮肤、皮下组织、肌肉、胸腹膜、淋巴结等处有不同程度的病变;各脏器及相应淋巴结亦有不同程度的病变。某些疾病常在上述部位的一处或多处出现具有启示性或特征性变化。

病死禽肉其胴体和内脏的感官特征包括皮肤呈紫红色、暗黑色或铁青色,皮肤干枯,毛孔突起,拔毛不净;翼下、腹下小血管淤血;胴体一侧或腹下有大片的血液沉积,胴体消瘦;冠和肉髯呈紫红色或青紫色,有的全部呈黑紫色;眼部污秽不洁,眼多全闭,眼球下陷;嗉囊(鸭、鹅为食管膨大部)呈青紫色、空虚瘪缩或有液体、气体;肛门松弛、污秽不洁。

5. 淋巴结的变化　　着重观察具有剖检意义的淋巴结有无异常,并注意区别其局限性和全身性的变化(家禽不检淋巴结)。健康动物的淋巴结,切面呈灰白色(猪)、黄褐色或灰褐色(牛),且无异常;病死动物的淋巴结,通常肿大,切面呈暗红色、紫玫瑰色或呈现与各种疾病性质相应的病理变化。

(二)细菌涂片,染色镜检　　当疑为病、死动物肉时,应采取有病变的淋巴结和脏器以无菌操作涂片镜检。猪应采取颌下淋巴结或胴体上存留的淋巴结;牛、羊应采取颈浅、腹股沟深淋巴结或其他存留淋巴结;脏器主要采集肝脏、肾脏、脾脏。

(三)理化检验

1. pH 值测定　　健康动物肉呈正常的成熟过程,肉的内环境呈酸性。病死动物由于生前肌肉中糖原大量消耗,致使肉中蓄积的乳酸和磷酸量较少,则肉中 pH 值比健康动物肉高。健康动物肉的 pH 值为 5.8~6.5,病死动物肉的 pH 值在 6.5 以上。

2. 过氧化物酶反应　　在肉浸液中加入过氧化氢和易被氧化的联苯胺指示剂后,当肉浸液中有过氧化物酶存在时,可使过氧化氢分解放出新生态氧,将联苯胺指示剂氧化,形成的化合物与溶液中未被氧化的联苯胺结合成淡蓝色或青绿色化合物(经过一定时间后转变成褐色)。具体操作方法如下。

首先,称取除去脂肪、筋腱的肉样 5~10 克,放入容器内绞碎或剪碎成米粒大小,加 4 倍量的水,搅拌、浸渍 10 分钟后过滤,取滤液备用。

其次,吸取 2 毫升肉浸液滤液置于试管中,滴加 4~5 滴 0.2%联苯胺乙醇溶液,混匀后加入新配制的 1%过氧化氢溶液 3 滴(不宜混匀),在 3 分钟内观察溶液颜色变化的速度和程度,并用蒸馏水做空白对照。

健康动物肉肉浸液颜色呈蓝色或蓝绿色变化;病死动物肉肉浸液无颜色变化,或在稍长时间后呈淡青色。

3. 硫酸铜肉浸液反应　选用硫酸铜作为试剂,使铜离子和被检液中呈溶解状态的球蛋白结合,形成稳定的蛋白质盐。具体操作方法是:取试管 2 支,一支试管中加 2 毫升被检肉浸液,另一支试管中加 2 毫升蒸馏水作为对照,再向两试管中分别滴加 10%硫酸铜溶液 3~5 滴,充分混匀后观察反应。健康动物肉溶液澄清透明,无絮状沉淀;病死动物肉溶液中出现絮状沉淀或呈胶冻状(以病死禽肉明显)。

4. 硫酸铜肉汤反应　称取肉样 1 份,置于容器中绞碎,加 3 份水,搅匀后进行沸水浴或放在电炉上煮沸数分钟,趁热过滤,冷却至室温备用。取 2 毫升滤液置于试管中,滴加 5 滴 5%硫酸酮溶液,混匀,观察反应。同时,做空白对照试验。其判定标准与硫酸铜肉浸液反应的判定标准相同。

(四)检疫处理

第一,感官检查无变化,细菌镜检和理化检验符合健康动物肉标准者,不受限制出售。

第二,若细菌镜检发现炭疽杆菌或其他危害严重的传染病,尤其是人兽共患传染病,或来自冷宰、濒死期急宰的动物肉,且肌肉、脏器有明显病变者,不准上市销售,应进行化制或销毁处理。对污染的环境要进行彻底消毒。

第三,对销售病、死动物肉品的经营者进行罚款,情节严重者,还应追究法律责任。

四、黄疸肉与黄脂肉的市场检疫

(一)感官鉴别 黄脂主要由饲料或脂肪代谢障碍引起,与遗传有关,黄染部位仅见脂肪,尤其是皮下脂肪,吊挂 24 小时后黄色变浅或消失,一般情况下不影响食用;黄疸则是由疾病引起胆汁代谢障碍而造成的,全身皮肤、脂肪、黏膜、浆膜、结膜、巩膜、关节囊液、肌腱、血管内膜和某些实质器官均显黄色,肝脏、胆囊多有病变,如肝硬变、实质性肝炎、胆管阻塞等。黄疸肉放置越久颜色越深,不能食用,应予以化制或销毁。

(二)理化检验 多采用氢氧化钠乙醚法进行检验。取被检脂肪约 2 克,剪碎,置于试管中,加 5%氢氧化钠溶液 5 毫升,加热使脂肪全部熔化。待试管中油脂冷却至以手触摸试管有温热感时,加入乙醚 3～4 毫升,盖上盖,轻轻混匀后静置,待分层后观察其颜色变化。若上层乙醚液为黄色,下层液无色,则系天然色素所致,证明是黄脂;若上层乙醚液无色,下层液呈黄色或黄绿色,则为黄疸。

五、中毒动物肉的市场检疫

中毒动物肉是指因毒物中毒后被迫宰杀或中毒死亡后冷宰的动物和药物毒杀的野生动物肉。

(一)调查询问 对异常动物肉要向货主询问饲料种类和来源、保存方式和时间、调制方法和喂量、圈舍周围"三废"的排放情况、圈舍附近是否安放灭鼠药和消毒情况、野生动物是否药杀致死等。

仔细询问发病症状，根据症状可大致推断中毒种类。神经症状极为明显的，可能为有毒植物中毒；消化障碍重剧的，可能为砷、汞等矿物毒中毒；呼吸紊乱的，可能为氢氰酸中毒或亚硝酸盐中毒。

（二）感官检查 中毒动物的胴体一般缺乏毒物所致的特征性或具有启示性的病变，但某些毒物中毒可引起皮肤和肌肉组织的明显病变，如猪急性黄曲霉毒素中毒，可使全身皮下脂肪呈现不同程度的黄染；急性蕨中毒的体表各部可因注射、刺伤、撞击等引起皮下血肿；铅中毒可引起皮下组织出血，肌肉苍白、柔软或呈煮肉状；灭鼠灵中毒可引起全身皮下组织、血管外周组织出血，如屠宰、解体之前间隔过长，血液自溶会出现黄疸等。此外，中毒动物肉在放血程度、杀口状况以及血液沉积现象等方面，与病、死动物肉的变化基本相同。若怀疑为中毒动物肉，应送专门检测部门确诊。

（三）检验处理 中毒致死或中毒急宰、中毒原因不明或确认为有机磷农药、有机氯农药、灭鼠药、重金属、砷制剂、甘薯黑斑病等引起中毒的动物肉品，应予销毁；某些因饲料中毒，如食盐中毒、酒糟中毒、尿素中毒等的动物肉，内脏必须废弃，肉可供食用。

六、白肌肉的市场检疫

白肌肉（PSE 肉）是指宰后胴体的肌肉色泽苍白、质地松软、切面有液体渗出，似水煮样，仅见于猪，是由于宰前应激引起，与遗传、品种有关。据统计，其检出率为 10%～30%，个别地区高达 60%～70%。

（一）感官特征　病变肌肉多见于背最长肌和后肢的半腱肌、半膜肌、股二头肌。其次为腰肌、前肢的臂二头肌、臂三头肌。后肢病变往往呈对称性发生。

1. 轻度变化　肉呈淡粉红色，表层苍白，修割后的下层肌肉呈正常色泽；肌肉断面柔软、湿润。

2. 中度变化　肉呈苍白色或灰白色，如水煮肉样；肌肉松软，明显水肿，弹性差，手指容易戳入；断面渗出多量肌浆，断面凹陷处有肌浆贮留，肌间结缔组织常有胶样浸润。

3. 重度变化　肌肉呈灰白色，表面明显湿润，放置或悬挂时，在其下端可见到渗出的肌浆。

（二）检验处理　病变部分修割废弃，其他部分可供食用。但由于白肌肉易缩重，保存性差，故不适于作为腌制品原料。

七、注水肉的市场检疫

注水肉是少数肉品违法经营户采取宰前强制给动物灌水，或屠宰放血后，人为通过颈动脉（或心脏）注水，或直接往屠宰后的肉中注水或用水浸泡等，以增加肉的重量，达到牟取高利的目的。

（一）感官检查

1. 注水肌肉　注水鲜肉肉质呈水肿状态，色淡、质柔、弹性低，表面湿润光亮呈多水状，指压留有复原缓慢或不能复原的凹陷，用刀切开肌肉，断面湿润或顺刀流出水样液体，将肉吊挂起来会往下滴水；注水冻肉刀切有冰碴样感，严重的有冰层；注水白条鸡皮肤紧张，过度肥胖，无自然皱褶，肢翅伸直，不贴肉尸，爪伸直紧张，肛门突出，毛孔明显胀大。

2. 注水脏器　内脏水肿，体积增大，切面流出红色血水；肺脏表面湿润光亮，呈淡红色；肝脏严重淤血，被膜紧张，边缘增厚;心脏血管怒张,心脏切面肌纤维肿胀,丝丝可辨;肾脏质柔,呈暗红色;胃、肠黏膜充血,胃、肠壁增厚,呈半透明外观;皮下脂肪和板油轻度充血,呈粉红色。

(二)其他检验

1. 纸张浸润试验 将 4 厘米×6 厘米大小的卫生纸贴在可疑肉的新鲜切面上,观察滤纸的吸水速度和黏着度,如是注水肉则纸张吸水速度快,纸一接触肉便被浸湿浸透,黏着度和拉力都小,未注水的肉则相反。

2. 燃纸试验 将适当大小的易燃纸片紧密贴于待检可疑肉的断面,片刻后撕下纸片,用火点燃,观察燃着现象。若没有明火或不能点燃,说明纸上吸附了水为注水肉;若出现明火,表明纸上吸附了油,为正常肉。

3. 加压检查法 取长 10 厘米、宽 10 厘米、高 3～7 厘米的待检肉块,用干净的塑料纸包裹起来,上面压 5 千克的重物,待 10 分钟后观察,注水肉有较多血水被挤压出来,而正常肉则无血水流出或仅有少量血水流出。

4. 试纸检查法 将定量滤纸剪成 1 厘米宽、10 厘米长的长条,在待检肉新切口处插入 1～2 厘米深,停留 2～3 分钟,观察滤纸被肉汁浸润的情况。正常肉只有插入部分的滤纸条被浸润,或不超过 1 毫米;轻度注水肉滤纸条被肌汁和水分湿透,超出插入部分 2～4 毫米,且纸条被浸湿的速度快、均匀一致;注水严重者超出插入部分 4～6 毫米以上。此外,注水肉的黏着力小,检查时滤纸条容易从肉上剥离,滤纸条的拉力小而易碎、易断。

(三)检验处理 注水肉的水分含量高,微生物污染严重,不仅加速了肉中营养成分的流失,而且促进了肉品自溶和腐败变质的发生。轻度注水肉可食用,但不宜长期保存和作为腌制品的原料；严重注水肉可炼制工业油，加工肉骨粉或销毁。

八、公、母猪肉的市场检疫

公、母猪肉由于肌纤维较粗和饲养年限较长，不易煮烂，适口性较差。同时，其体内性激素含量较高，对人体健康有不良影响。

(一)感官特征

第一，皮肤多皱襞，皮厚而粗糙，毛孔明显可见；肌肉呈深红色或暗红色，肌纤维粗长，纹路明显，肌间脂肪很少或缺乏，皮下脂肪层薄，脂肪颗粒粗大；留有生殖器官残迹和阉割瘢痕。

第二，公猪睾丸提肌粗大，呈束状；最后一对乳房多并在一起。

第三，母猪皮下脂肪呈青白色，皮与脂肪之间常见有粉红色的薄层（红线）；肋骨扁而宽，骨膜白中透黄；老龄母猪乳头粗长、发硬，乳头孔明显，乳腺组织发达呈海绵状。

(二)性气味检查

公、母猪的胴体散发出一种十分难闻的性气味，俗称"骚气"，尤以公猪肉较为明显。脂肪性气味消失较慢，一般在去势后 2～2.5 个月才消失；唾液腺（颌下腺、腮腺）性气味的消失则更慢。因此，检查时闻嗅脂肪、唾液腺的气味具有重要的鉴别意义。通常可通过煎炸、烧烙、煮沸等方法，嗅闻有无性气味来鉴别是否为公、母猪肉。

(三)检验处理

第一，未生育的小母猪肉以及初产母猪经去势肥育 4 个月后屠宰的肉，可用于鲜销。

第二，经检验质量较好的母猪肉，允许上市鲜销，但必须挂牌标明,借以告示消费者。

第三,性气味轻微的公猪肉以及晚阉猪肉在割除筋腱、脂肪、摘除腺体后可作为腌腊制品或灌肠等复制品原料。

第四,公、母猪肉的脂肪可炼制食用油或工业用油。

九、白条鸡的市场检疫

(一)视检 主要检查白条鸡的新鲜度和血液残存情况。新鲜白条鸡表皮呈淡黄色或淡红色,有肌肉成熟的鲜味,无异常气味。健康鸡宰杀后放血良好,切口外翻,有血液浸染区,整个肉尸无血液残存现象。

(二)剖检肉尸体腔 主要检查肺脏、肾脏以及体腔内部情况。由于白条鸡在宰杀时已经将除肺脏和肾脏外的其他内脏摘除,所以只有肺脏和肾脏在检查时能够代表整个白条鸡肉尸的健康状况。主要检查肺脏的颜色是否正常,有无结节和炎性坏死灶,支气管是否充血发炎,有无干酪样物,气囊壁是否增厚等;检查肾脏颜色是否正常,是否肿大等;检查腔上囊是否肿胀、出血或有结节增生等;检查体腔内是否有卵黄液的浸润等。有条件者可以检查其他内脏。病死鸡与健康鸡肉尸的区别主要有以下几方面。

一是看爪形。健康者爪形分开;病死者爪形蜷曲,收缩在一起。

二是看眼部。健康者眼睑睁开,眼球饱满不塌陷,角膜、虹膜、晶体透明;病死者与此相反,眼部污秽不洁,眼多全闭,眼球下陷。

三是看冠、髯。健康者冠、髯呈粉红色或微黄色;病死禽呈紫红色或青紫色,有的全部呈紫黑色,且以边缘较严重。

四是观察皮肤。健康者皮肤有光泽,呈淡黄色、淡红色或灰黑色;病死者皮肤松弛,呈蓝红色、暗红色或淡兰紫色。

五是观察宰杀口。健康者宰杀口粗糙不平滑,有血液浸润区;病死者宰杀口平整光滑,不外翻,无血液浸润区,血液大量存于血管内,肌肉和脂肪组织呈紫红色或黑色,切面有余血流出,倒卧侧有黑紫色淤血。

六是看嗉囊。健康鸡嗉囊内存有食物;病死者嗉囊呈青紫色,空虚瘪缩或有液体、气体。

(三)检验处理 检查后,可根据检疫的具体结果,按照相关规定进行处理。

十、冻肉的市场检疫

对进入市场的冻肉检疫,其要点如下。

(一)查证与验章 检查产品合格证与胴体上的印章或分割产品包装上的检疫标志,据此判定产品的贮存时间及其来源。

(二)冻肉的直接检疫 检疫时要备有结实锋利的检肉刀和砍刀。对已检胴体冻肉,要视检有无刀检痕迹,用刀剥开检疫刀口,观察淋巴结切面有无异常,腰肌处有无囊虫寄生。必要时用刀砍开深部组织和应检部位,检查骨和关节周围组织的色泽、组织状态和气味。需详细检疫时,可进行解冻。

(三)冻肉的解冻检疫 解冻方法包括局部解冻和整体解冻。必要时,还要做细菌学检验和理化检验。

1. 局部解冻检疫 是指对局部暴露的(或浅表的)应检淋巴结和肌肉组织,浇数次热水,使之解冻,恢复到原有的形态和色泽,即可进行检疫。在检疫时要注意骨和关节周围组织的色泽、组织状态和气味有无异常。检查囊尾蚴时,可不解冻,直接用刀尖在腰、臀部肌肉挖出一块三角形的冻肉块,观察肉块和三角形肉孔内的肌肉面上有无囊尾蚴寄生。

经过检疫的冻肉应检查有无检疫刀口及其切面变化,观察肌肉、脂肪组织、淋巴结等有无异常,腰肌、肩胛外侧肌、股部内侧肌有无囊尾蚴寄生。未经检疫的冻肉应检查应检淋巴结、肌肉和脂肪组织有无异常。对于剔骨冻牛肉和冻羊肉,则着重观察表面肌肉和脂肪的色泽、放血程度和有无病变,观察暴露的淋巴结有无异常。如发现可疑,可用刀砍开,对砍开的肉切面用热水局部解冻后再进行检验。

此外,对无检疫证明的冻猪肉、冻狗肉以及某些自然冷冻的野兽肉,必须用特制的槽凿或斧子在横膈膜肌脚处采样进行旋毛虫检验。

2. 整体解冻检疫 是将要检疫的整片胴体,置于室温下或在清洁的水中浸泡,使之解冻后再进行全面检验,其检验内容和方法与局部解冻检验基本相同。

(四)冻分割肉的检疫 冻分割肉一般无脂肪、无淋巴结、无皮、无骨、肌肉块又混乱无序,为检疫带来一定的难度,所以应用特殊的检疫方法进行检查。

主要检查冻分割肉块的外表和切面,观察肉品的新鲜程度。如果系不法商贩将病死动物进行分割制成的冻肉,其肉块的包装不规范、不统一,有暗红色的血冰,有毛等污染物,切面肉色较暗发乌,肉块的摆放不规范而混乱,解冻后检查时,没有肉的新鲜气味,肉块表面有血污,经采样送实验室进行病死肉品的检查便能确定肉品的新鲜程度。

(五)检疫处理 表面氧化、有污渍的应进行修割,修割后经检查符合要求的,准予销售;经过检查不符合要求的或病死动物的肉品,应按有关规定处理。

第二节　市场动物的检疫

一、动物市场检疫管理

第一，进入市场的动物要凭检疫合格证明进行交易，未经检疫或检疫不合格或无检疫合格证明的动物不准交易。对检出的有病动物不准交易收购，并采取相关的防治措施，按有关规定进行处理。

第二，要定期对交易市场和收购点进行消毒，尤其是在收购交易结束后，更应进行一次全面的清扫和消毒。

二、市场活禽的检疫

进入市场的活禽，来源比较复杂，检疫要求较严格。其检疫方法和程序如下。

(一)查证验物　对无检疫证明、证物不符、证明涂改或伪造的应进行重检或补检，出具检疫合格证明并按规定进行处罚。

(二)健康检查　常采用群体与个体检查相结合的方法进行。

1. 视检　检查禽群有无精神不振、闭目或缩颈垂头等现象；羽毛是否整齐，有无光泽，肛门是否被污染；冠、髯颜色有无发绀，有无痘疹、肿胀或鳞片、皮屑；眼睛是否水肿或有干酪物；鼻孔有无分泌物，周围有无结痂，呼吸是否畅通；口腔有无黏液，黏膜是否充血，有无假膜或颗粒结节；粪便颜色和干湿度是否正常，有无血丝或寄生虫。

2. 触检　检查嗉囊内是否有饲料，膨胀程度如何，有无液体或气体；肌肉是否丰满，皮肤有无痘疹、结痂、水肿和肿瘤。

3. 听诊 听其叫声是否正常,有无嘶哑,呼吸有无喘气音或湿性啰音,是否咳嗽。

(三)检疫处理 经检疫合格者,发给检疫合格证明准予销售;不合格者,不准销售并按有关规定进行处理。

三、市场仔猪的检疫

市场上交易的仔猪多是农户散养的母猪所产的窝猪,来源比较复杂,仔猪所处的环境、饲养条件、免疫状况等都有所不同,检疫时,更应认真细致,严格要求。

(一)检疫程序

1. 询问 向畜主询问仔猪来源地,母猪健康状况和免疫情况,当地疫病的发生情况,仔猪生产日期,断奶时间,健康状况,免疫情况等,以便对检疫中所发现的情况进行初步了解和判断。

2. 索证 向畜主索要产地检疫证明、免疫证明,查验免疫标志。核对证物是否相符,免疫是否在有效期内,免疫标志是否与产地相符。

3. 检疫 根据以上所了解和查到的情况,有针对性地进行检查,或进行全面检查,以发现疫病。

4. 检疫处理 由于检疫后的情况不同,因此要按规定进行不同的处理。

(二)检疫方法 交易市场的仔猪多采用笼装,一般不进行运动检查。主要的检疫方法包括看、听、闻、摸、检,必要时进行实验室检查。

1. 看 着重观察仔猪的精神状态、被毛、皮肤、呼吸动作和鼻盘、四肢情况,同时注意眼角有无分泌物和肛门周围的干净程度等。健康仔猪精神活泼,健壮,被毛光亮无污染,肤色淡红,肛门周围无粪便污染;而精神不振,四肢无力,体瘦毛乱,肤色发白或发紫,眼角有黏性分泌物,肛门周围沾有黄色或白色粪便,尾部潮湿者均为患病的表现。

2. 听　主要听仔猪的叫声和呼吸声。健康者叫声清亮、呼吸均匀;有病者,叫声微弱,出现咳嗽、气喘等。

3. 闻　主要是闻气味。健康者可闻到一股奶香味;有病者常有腥臭味。

4. 摸　主要是触摸仔猪皮肤表面的温度、有无结节、体表淋巴结是否肿胀,并用手指感觉测试仔猪的吸吮力。健康者,手感温暖,四肢挣扎有力,吸吮有力,皮肤光滑;不健康者则相反,并常感觉皮肤粗糙有结节。此外,消化不良或人工喂养的仔猪,腹部均有胀大现象。

5. 检　主要是检查体温。通过看、闻、听、摸等检查,如疑为患病可进行体温检查。

经过以上检查认为患病或可疑的,可进行实验室检查。

(三)检疫处理　通过检疫,对无检疫证明或证物不符的,应进行补检或重检;对无免疫证明而有免疫标志者,应视为已经免疫;对无免疫证明也无免疫标志者,经检查健康者,应进行重新免疫并佩戴免疫标志;对经过检查健康的仔猪,应签发检疫合格证明,准予交易;对经过检查发现的患病仔猪,不准出售交易,对患有黄痢、白痢、红痢的仔猪,可让畜主对仔猪进行治疗,患烈性传染病者严禁上市交易,并按有关规定进行处理。同时,应做好场地和运输工具的消毒工作。

第六章　主要动物疫病的检疫

第一节　共患动物疫病的检疫

口　蹄　疫

口蹄疫是由口蹄疫病毒所致的猪、牛、羊等偶蹄动物共患的一种急性、热性、接触性传染病，人也能感染。本病以口腔黏膜、唇、鼻、蹄部和乳房发生水疱和溃烂为主要特征。世界卫生组织（OIE）将其列为 A 类动物疫病。

口蹄疫病毒有 A 型、O 型、C 型、亚洲 I 型、南非 I 型、南非 II 型、南非 III 型 7 个主型与 65 个亚型，各型间不能互相免疫，感染某型病毒后的康复动物或免疫某型病毒疫苗后的动物，仍可感染其他型病毒。

本病的潜伏期，牛一般为 2～7 天，羊一般为 7 天左右，猪一般为 1～3 天。以秋末、冬季和春季为高发季节，夏季和秋初趋于缓和平息。长期存在本病的地区其流行具有周期性特点，一般隔 1～2 年或 3～5 年发生 1 次。口蹄疫病毒侵害多种动物，偶蹄兽易感，传染性极强，流行快。病畜和带毒畜是最危险的传染源。最富传染性的是水疱液、水疱皮，其次是奶、尿液、唾液和粪便等。传染途径主要是经消化道传播，其次为损伤的皮肤和黏膜，近来证明也可通过呼吸道感染。

【活体检疫】 病畜体温升高，精神不振，食欲减退；在口腔、上下齿龈、舌面、鼻镜出现小水疱，随后水疱融合增大或连成片；蹄叉、蹄冠、蹄踵等处局部发红、肿胀，出现水疱，在乳头上也会出现水疱；水疱液为透明的淡黄色，继而变浑浊，水疱破溃后形成暗红色的糜烂面，体温随之下降至正常，糜烂逐渐愈合，干燥结成硬痂。

【宰后检疫】 除口、蹄的水疱和烂斑外，在口腔、咽喉、气管、支气管、胃黏膜出现圆形烂斑和溃疡，上盖有黑棕色痂块，真胃和大、小肠黏膜常呈现出血性炎症变化；心肌色泽较淡，质地松软，心外膜和心内膜有弥散性或斑点状出血，心肌断面呈浅灰色或淡黄色的斑点或条纹样如同虎斑，因而称为"虎斑心"。

【综合判定】 根据活体检疫和宰后检疫，可作出初步判定。对疑似病例，需采集病料后送省级以上规定的实验室定性、定型。

在临床症状上易与本病相混淆的疫病包括水疱性口炎、猪水疱病和猪水疱疹，应认真区别。另外，还要注意与牛瘟、牛传染性鼻气管炎、蓝舌病、牛乳房炎、牛丘疹性口炎、牛病毒性腹泻-黏膜病相区别。

【检疫处理】 一旦发现口蹄疫病畜或疑似病畜，要及时上报，尽快定性，控制疫点。确诊后，划定疫区，报同级人民政府发布封锁令。对出入疫点、疫区的人员、车辆进行检查和消毒；禁止疫区牲畜及牲畜产品进行交易活动；疫区由外向内进行紧急预防注射，动物防疫监督机构密切监视疫情动态，严防疫情扩散蔓延；口蹄疫病畜及其同群牲畜全部扑杀；扑杀过程中污染的场地须全面消毒；对封锁的疫点、疫区最后一头病畜处理后，14天内未出现新病例的可以解除封锁。

与疫区相邻地区要建立免疫隔离带，开展紧急预防接种，加强检疫和消毒工作，严禁疫区人员来往，切实防止疾病传播。

狂 犬 病

狂犬病是由狂犬病病毒引起的一种人兽共患的急性、接触性传染病，以神经兴奋和意识障碍、继而局部或全身麻痹而死亡为特征。本病潜伏期一般为 20～60 天，最短 8 天，最长为数月至 1 年以上。一年四季均可发生，病犬是人和家畜的主要传染源。传播方式为链锁状，即一个接一个的传染，主要通过患病动物咬伤感染，也可经呼吸道和消化道感染。

【活体检疫】 发病初期病畜举动反常，精神沉郁，常躲在黑暗角落里，稍有声响便惊慌不安，时有发作性地扑空；有的病畜看到水或听到流水、泼水声，立即呈现癫狂发作，故称"恐水症"。病畜拒绝习惯的饮食，啃咬或吞入石块、瓦片、羽毛、木屑、干草等物；随后转入狂躁，无目的地来回奔跑，攻击性强，狂叫，声音嘶哑，眼睛发红，口张舌吊，大量流涎，欲吃不能，最后后躯麻痹，虚脱而死。

【宰后检疫】 病畜口、咽和胃肠黏膜有不同大小和形状的出血区或糜烂，胃内常有石块、木片等异物，脾脏肿大，实质器官变性；血液不凝，呈红褐色；软脑膜充血、水肿。

【综合判定】 根据活体检疫和宰后检疫情况以及咬伤病史可作出初步判定，确诊需进行中和试验或酶联免疫吸附试验等。

【检疫处理】 对病畜应予不放血扑杀、深埋或烧毁，不得剥食。病死或疑似狂犬病死亡的畜尸一律销毁或作为工业用，不得冷宰食用。

伪狂犬病

伪狂犬病是由伪狂犬病病毒引起的家畜和多种野生动物的一种急性传染病,以发热、奇痒、呼吸和神经系统疾病为特征。本病多发生于冬、春两季,病猪、带毒猪和带毒鼠类为主要传染源,健康猪与病猪或带毒猪直接接触可被感染,也可经消化道、皮肤伤口和配种被传染。

【活体检疫】 病畜呼吸困难、发热、大量流涎、厌食、呕吐、腹泻、颤抖和抑郁,头颈、肩、后腿、乳房等部有强烈的痒觉,随后运动失调,狂奔性发作,间歇性抽搐,最后昏迷直至死亡。

【宰后检疫】 肺部水肿,伴发坏死性扁桃体炎、咽炎、气管炎和食管炎;胃黏膜充血、出血;肝脏变性,呈黏土色;脑膜充血、出血、水肿,脑脊髓液增量;心外膜出血,心包积水。

【综合判定】 根据流行病学、活体检疫和宰后检疫情况可作出初步判定,确诊需进行中和试验或酶联免疫吸附试验等。

注意本病应与李氏杆菌病、猪乙型脑炎、猪脑脊髓炎、狂犬病、猪水肿病等进行区别。

【检疫处理】 同狂犬病的处理。

炭 疽

炭疽是由炭疽杆菌引起的一种人兽共患急性、热性、败血性传染病,其特点是出现败血症变化、脾脏显著肿大、皮下和浆膜下有出血性胶样浸润、血液凝固不良。

本病常发于夏秋多雨季节,以散发为主。草食动物对本病敏感,牛、羊、马、鹿感受性最强,水牛、骆驼次之,猪感受性较低。病畜是本病的主要传染源。本病潜伏期一般为 1~3 天,最长可达 14 天,主要通过消化道感染,也可经呼吸道、皮肤创伤和昆虫叮咬感染。

【活体检疫】 牛、羊多表现为突然发病跌倒,全身痉挛,体温升高,呼吸困难,可视黏膜发绀,天然孔流出血样液体或泡沫,常在数小时内死亡;病程稍缓的常表现短期兴奋不安,随后精神沉郁、食欲废绝、大便带血,常于咽喉、颈、胸、腹下、乳房和外阴等处发生炎性水肿或炭疽痈;猪多表现为局限性咽炎,典型症状为咽性炭疽,咽喉部淋巴结和颈部淋巴结以及附近组织明显肿胀,舌肿大、呈蓝紫色。

【宰后检疫】 病畜尸体迅速腐败,尸僵不全,天然孔有暗红色血液流出;血液凝固不良呈煤焦油样;皮下和结缔组织呈胶样浸润,脾脏肿大;肝脏和肾脏出血、充血或肿胀;胃和十二指肠有小点状出血;肺脏水肿、充血和出血;淋巴结高度肿胀。

【综合判定】 根据流行病学、活体检疫和宰后检疫情况可作出初步判定,注意本病与猪肺疫、恶性水肿、猪瘟、猪丹毒、沙门氏菌病的鉴别(表 6-1)。对疑似病例,严禁剖检,进行涂片镜检和炭疽沉淀反应可作出确诊。

【检疫处理】 发生炭疽后,应迅速查明疫情,划定疫区封锁,对同群或与病畜接触过的假定健康动物应紧急接种炭疽疫苗;对病畜和可疑病畜,严禁急宰,要采取不放血的方式扑杀、销毁;病死家畜尸体严禁解剖;圈舍应彻底消毒,病畜的粪便、垫料应焚烧,被污染的土壤应消毒后垫以新土;宰后检出炭疽的病畜,应立即停止生产,封锁现场,炭疽病畜的胴体、内脏、皮毛、血及一切副产品,全部销毁,环境、用具彻底消毒。

表 6-1　炭疽与 5 种传染病的鉴别

病　　名	相同症状	与炭疽的区别
猪肺疫	咽喉部皮下水肿	出血明显,尤其是颈、胸部器官;急性病例的特征是纤维素性胸膜肺炎,慢性病例呈恶病质,并有纤维素性坏死性胸膜肺炎,细菌检查时可见巴氏杆菌
恶性水肿病	组织器官水肿	病理特征是多器官组织的间质发生变化、坏死和明显的水肿与气泡形成。消化道感染时胃壁明显水肿,切面流出淡红色浆液,内含气泡,主要由腐败梭菌引起
猪　瘟	坏死性扁桃体炎、败血性变化(急性)	淋巴结呈大理石样变,脾梗死(40%～50%病例),有非化脓性脑膜脑炎,明显的出血素质。疾病发生呈流行性。慢性病例大肠有"扣状肿",病原为猪瘟病毒
猪丹毒	败血性变化(急性)	急性病例全身淤血现象明显,淋巴结淤血、呈紫红色;有肾小球肾炎;疾病主要发生于 3～12 月龄的猪;无出血坏死性颌下淋巴结炎,无咽喉皮下组织出血性胶状浸润。亚急性病例皮肤发生疹块,慢性病例发生心内膜炎、皮肤坏死与关节炎
沙门氏菌病	败血性变化(急性)	急性病例发生卡他性肠炎和淋巴结髓样变性,肝有坏死灶;亚急性病例多见于较大的仔猪,有固膜性盲肠炎,肝副伤寒结节和坏死灶;增生性脾炎,卡他性化脓性肺炎;慢性病例上述变化更为严重,出现颌下淋巴结出血性坏死性炎,无咽喉部皮下组织出血性水肿

魏氏梭菌病

魏氏梭菌病是由产气荚膜杆菌引起的多种动物的一种传染病的总称,包括兔梭菌性腹泻、羔羊痢疾、猪梭菌性肠炎、羊猝狙、羊毒血症。本菌分为 A、B、C、D、E 5 个型。

(一)兔梭菌性腹泻 是由 A 型产气荚膜梭菌引起兔的一种急性肠道传染病,主要特征是剧烈腹泻、排泄物腥臭和迅速死亡。本病一年四季均可发生,以冬春季多发。除哺乳仔兔外,不同年龄、品种和性别的家兔均易感,主要通过消化道或损伤的黏膜感染。潜伏期 2～3 天。主要症状是急剧腹泻,粪呈水样,有特殊腥臭味,临死前水泻,精神沉郁;病兔胃内充满饲料,胃底部黏膜脱落,有大小不一的溃疡;小肠充满气体,肠壁薄而透明,盲肠和结肠充满气体和黑绿色稀薄内容物,可嗅到腐败气味;肝脏质地变脆;脾脏呈深褐色。

本病应注意与球虫病、兔巴氏杆菌病、沙门氏菌病相区别。

(二)羔羊痢疾 是由 B 型产气荚膜梭菌引起初生羔羊的一种急性毒血症,以剧烈腹泻和小肠发生溃疡为特征。本病主要危害 7 日龄以内的羔羊,主要通过消化道传染,也可通过脐带或创伤感染。自然感染的潜伏期是 1～2 天。主要症状是精神委顿,低头拱背,不久发生腹泻,后期逐渐成为血便;病羊卧地不起,呼吸急促,直至死亡;尸体脱水现象严重,小肠黏膜充血发红,出现溃疡,肠系膜淋巴结肿胀充血,心包积液,肺脏常有充血区域或淤血。

本病应注意与沙门氏菌、大肠杆菌和球菌所引起初生羔羊下痢相区别。

(三)羊猝狙 是由 C 型产气荚膜梭菌毒素引起的一种急性传染病,以溃疡性肠炎和腹膜炎为特征。本病多发生于冬春季,主要通过消化道感染成年绵羊。病程短促,常未见到症状就突然死亡。有时发现病羊掉群、卧地、痉挛、眼球突出,于数小时内死亡。病羊十二指肠和空肠黏膜严重充血、糜烂,可见大小不等的溃疡,胸腔、腹腔和心包大量积液,后者暴露于空气后,可形成纤维素絮块。浆膜上有出血点。

本病应注意与羊快疫、羊肠毒血症、羊黑疫和炭疽相区别。

(四)猪梭菌性肠炎 是由 C 型产气荚膜梭菌引起的 1 周龄仔猪高度致死性肠毒血症,以血性下痢、病程短、死亡率高、小肠后段的弥漫性出血或坏死性变化为特征。本病除猪和绵羊易感外,还可感染马、牛、鸡、兔等。主要症状是病猪排出含有灰色组织碎片的红褐色液状稀便。慢性型呈间歇性或持续性腹泻,粪便呈黄灰色糊状。病猪空肠呈暗红色,肠内充满含血液体,空肠部绒毛坏死,肠系膜淋巴结呈鲜红色。黏膜上有黄色或灰色的坏死性假膜,肠内有坏死组织碎片,脾脏边缘有小出血点,肾脏呈灰白色,腹水增多呈血性。

(五)羊肠毒血症 是由 D 型产气荚膜梭菌引起绵羊的一种急性毒血症。本病多呈散发,主要通过消化道感染绵羊。主要症状是病羊四肢出现强烈划动,肌肉震颤,眼球转动,流涎,头颈显著抽缩,往往于 2~4 小时内死亡。病羊真胃内含有未消化的饲料,回肠呈急性出血性炎症变化;心包扩大,内含灰黄色液体和纤维素絮块;肺脏出血和水肿;肾脏比平时易于软化;脑和脑膜血管周围水肿,脑膜出血,脑组织液化性坏死。

本病应注意与羊快疫、羊猝狙、羊黑疫和炭疽相区别。

魏氏梭菌病根据流行病学、活体检疫、宰后检疫情况可作出初步判定,如要确诊应进行病原学和血清学检查。

一旦发现本病,首先应用疫苗进行紧急免疫,加强饲养管理,提高畜体抗病力。同时,隔离病畜,对病死畜及时进行无害化处理,环境进行彻底消毒,以防疫病扩散。

副结核病

副结核病是由副结核分枝杆菌引起的反刍动物的慢性、消耗性传染病,以顽固性腹泻、进行性消瘦、肠黏膜增厚并形成皱襞为特征。本病主要发生于牛,奶牛和幼牛最易感,潜伏期一般6个月或1年以上,呈地方流行性感染。病牛或带菌动物是主要传染源。通过消化道传染,也可通过子宫传染犊牛。

【活体检疫】 病初患畜间断性腹泻,以后逐渐变为顽固性腹泻,排带有气泡和黏液的腥臭稀便;逐渐消瘦,发育受阻,精神不振,食欲减退,拱背缩腹,毛焦皮燥,下颌与垂皮水肿,最后眼窝下陷,衰竭死亡。

【宰后检疫】 病畜小肠有弥漫性程度不等的增生性肠炎,肠壁增厚,肠系膜水肿,淋巴管变粗;肠黏膜增厚并出现硬而弯曲的皱褶,黏膜呈黄白色或灰黄色,皱褶突起处呈充血状;肠系膜淋巴结肿大变软,有黄白色病灶。

【综合判定】 根据流行病学、活体检疫和宰后检疫过程中病畜的临床症状和病理变化可作出初步判定,确诊需进行细菌学检查。

【检疫处理】 发现本病后采取扑杀症状明显、细菌学检查阳性的病牛,隔离变态反应阳性牛,培育健康犊牛,加强饲养管理、消毒和检疫,防止引进带菌动物等措施。尸体处理和屠宰后处理同结核病的处理。

布氏杆菌病

布氏杆菌病是由布氏杆菌引起的人兽共患传染病,以生殖器官和胎膜发炎,引起流产、不育和各种组织的局部病灶为特征。常为地方性流行,病畜和病人是传染源,经口感染是主要传播途径,还可经阴道、皮肤、结膜侵入机体感染,也可通过自然配种和呼吸道而感染的病例。

【活体检疫】 流产是妊娠母畜的明显症状,一般牛在妊娠 6~8 个月、猪在妊娠 2~3 个月、羊在妊娠 3~4 个月易发生流产。流产前数天,母畜阴唇和阴道黏膜肿胀、潮红,流出淡黄色黏液。病畜还常发生关节炎,公畜则发生睾丸炎。

【宰后检疫】 胎衣呈黄色胶冻样侵润,有纤维素性絮状和脓性渗出物,有时有均匀或结节性的肥厚和硬变,并有出血、充血、坏死和糜烂;流产胎儿皮下呈浆液性、出血性浸润,脐带肥厚并有浆液浸润;淋巴结、脾脏和肝脏有程度不等的肿胀。

【综合判定】 根据流行病学、活体检疫和宰后检疫所发现病畜的临床症状和病理变化可作出初步判定,确诊必须进行细菌学和血清学检查。

注意本病应与钩端螺旋体病、猪弯杆菌病、李氏杆菌病、衣原体病相区别,具体鉴别要点见表 6-2。

【检疫处理】 检出的病畜应扑杀,并做无害化处理,被污染的畜舍、运动场地、饲槽、水槽应严格消毒,病畜分泌物、排泄物应做无害化处理或深埋。

表 6-2　布氏杆菌病与有流产症状的 4 种疾病的鉴别

病　名	与布氏杆菌病的区别
钩端螺旋体病	新生畜常有黄疸(黏膜、浆膜和组织黄染),肾脏和肝脏中可发现钩端螺旋体(镀银染色),淋巴结、肝脏、脾脏均无布氏杆菌病肉芽肿
猪弯杆菌病	可见卡他性或卡他出血性盲结肠炎(急性)或卡他性坏死性盲结肠炎(亚急性),组织切片中可见螺旋形或逗点形弯杆菌(弯杆菌染色),淋巴结与内脏器官无布氏杆菌病肉芽肿
李氏杆菌病	常见神经症状,如兴奋、痉挛等,延髓组织中有典型的非化脓性与化脓性脑炎,从病料中可分离到李氏杆菌病,组织器官无布氏杆菌病肉芽肿
衣原体病	除母畜发生流产、产死胎或体弱胎儿外,还见公畜尿道炎,幼畜肠炎、肺炎以及肾脏、肝脏、脾脏被膜下出血,肝脏、肾脏、脾脏涂片经姬姆萨氏染色、镜检,可发现衣原体的原生小体和衣原体在细胞质内集聚成的包涵体,各器官均无布氏杆菌病肉芽肿

李氏杆菌病

李氏杆菌病是一种散发性传染病,家畜主要表现脑膜脑炎、败血症和妊畜流产,家禽和啮齿动物则表现坏死性肝炎和心肌炎。其病原体是单核细胞李氏杆菌。自然发病在家畜中以绵羊、猪、家兔较多,家禽中以鸡、火鸡、鹅较多。各种年龄的动物均可感染,幼龄动物最易感。患病动物和带菌动物是本病的传染源。本病为散发性,一般只有少数发病,但病死率较高。

【活体检疫】

反刍动物:原发性败血症主要见于幼畜,表现精神沉郁,呆立,低头垂耳,轻度发热,流涎,流泪,不听驱使。脑膜脑炎发生于较大的动物,表现头颅一侧性麻痹,弯向对侧,该侧耳下垂,眼半闭,以至视力丧失,常沿头的方向旋转或做圆圈运动,颈项僵硬;有的呈角弓反张,昏迷卧于一侧,直至死亡。

猪:病初意识障碍,运动失常,做圆圈运动,或无目的地行走,或不自主地后退,或以头抵地不动。有的角弓反张,呈典型的观星姿势。颈部和颊部肌肉震颤,强硬。较大的猪身体摇摆,共济失调。仔猪多发生败血症,体温显著上升,精神高度沉郁,表现全身衰弱、僵硬、咳嗽、腹泻、皮疹、呼吸困难、耳部和腹部皮肤发绀。

兔:常急速死亡。有的表现精神委顿,呆蹲一隅,不走动。口流白沫,神志不清。神经症状呈间歇性发作,发作时无目的地向前冲撞,或转圈运动。最后倒地,头后仰,抽搐,以至于死亡。

家禽:主要表现败血症症状,病禽精神沉郁,停食,腹泻,于短时间内死亡。病程较长的可能表现痉挛、斜颈等神经症状。

【宰后检疫】 有神经症状的病畜,脑膜和脑可能有充血、炎症或水肿变化,脑脊液增加,稍浑浊,肝脏可能有小炎灶或小坏死灶;表现败血症的病畜,肝脏有坏死;家禽心肌和肝脏有小坏死灶或广泛坏死,脾脏可能肿大,腺胃有淤斑;家兔和其他啮齿动物,肝脏有坏死灶;流产的母畜可见到子宫内膜充血以至广泛坏死。

【综合判定】 根据活体检疫和宰后检疫情况可作出初步判断,确诊本病主要采取涂片镜检、凝集反应、补体结合反应等方法。

【检疫处理】 对检出的病畜,将头和患病器官销毁,肉尸高温处理后出场。如肉尸消瘦或全身病变严重者,肉尸和内脏全部作工业用或销毁。

因本病病原菌能通过健康皮肤而感染人，如有接触，必须做好个人防护。

放线菌病

放线菌病是由各种放线菌引起的牛、猪和其他动物以及人的一种非接触性慢性传染病，以特异性肉芽肿和慢性化脓灶，脓汁中含有特殊菌块（俗称"硫黄颗粒"）为特征。病原包括牛放线菌、伊氏放线菌、林氏放线菌和猪放线菌等。各种放线菌寄生于动物的口腔、消化道和皮肤上，也存在于被污染的饲料和土壤中。通过内源性或外源性经伤口（咬伤、刺伤等）传播。主要感染牛、羊、猪，10岁以下的青壮年牛，尤其是2～5岁的牛最易感，常发生于换牙期。马和一些野生反刍动物也可发病。家兔、豚鼠等可人工感染致病。偶尔可引起人发病。本病以散发为主，偶尔呈地方性流行。

【活体检疫】 本病以形成肉芽肿、瘘管和流出一种含灰黄色干酪状颗粒的脓液为特征。牛多发生于颌骨、唇、舌、咽、齿龈、头部的皮肤和皮下组织，以颌骨放线菌病最多见，常在第三、第四臼齿处发生肿块，坚硬、界限明显，初期疼痛，后期无痛，破溃后形成瘘管，长久不愈。头、颈、颌下等部软组织也常发生硬结，不热不痛。舌感染放线菌俗称"木舌病"，舌高度肿大，常垂于口外，并可波及咽喉部位，病牛流涎，咀嚼、吞咽困难。乳房患病时，呈弥漫性肿大或有局灶性硬结，乳汁黏稠，混有脓汁。

绵羊和山羊常在舌、唇、颌下骨、肺脏和乳房出现损害，有单个或多发的坚硬结节，从许多瘘管中排出脓汁。

猪多见乳房肿大、化脓和畸形，也可见到颚骨、颈肿胀等。

马多发鬐甲肿或鬐甲瘘等。

【宰后检疫】 表现为渗出性、化脓性或增生性炎症,在受害器官的个别部分,有豌豆粒大的结节样生成物,这些小结节聚集形成大结节,最后变成脓肿。切开脓肿,内含有乳黄色脓汁。当放线菌侵入骨髓时,骨髓逐渐肿大,状似蜂窝。也可发现有瘘管通过皮肤或引流至口腔,在口腔黏膜上有时可见溃烂或呈蘑菇状的生成物。

【综合判定】 根据活体检疫和宰后检疫情况可作出初步诊断,确诊需进行病原检查。

【检疫处理】 病畜隔离,及时治疗。被污染的草料、用具等进行消毒。宰后肉尸、内脏与骨骼均有病变时,全部作工业用或销毁。内脏、舌轻微病变或头部淋巴结发生病变者,应割除病变部分销毁。

弓 形 虫 病

弓形虫病是由龚地弓形虫引起的一种人兽共患寄生虫病。猫是各种易感动物的主要传染源,带有速殖孢囊的肉尸、内脏和血液也是重要的传染源。主要通过消化道感染,也可经胎盘、损伤的皮肤和黏膜引起感染,包囊是主要传播方式。

【活体检疫】 病畜体温升高达 42℃,持续高热,精神委顿,食欲减退或废绝,便秘或腹泻并带有黏液或血液,眼结膜充血;耳、下腹部、下肢等处发生淤血斑或较大面积的发绀;体表淋巴结肿大;妊娠母畜多流产或产死胎。

【宰后检疫】 病畜全身淋巴结肿大、充血、出血;肺脏出血,有不同程度的间质水肿;肝脏有点状出血和灰白色或灰黄色坏死灶;脾脏有丘状出血点;胃底部出血,有溃疡;肾脏有出血点和坏死灶;大、小肠均有出血点;心包、腹胸腔有积水;胰组织有灶状坏死、水肿和肿胀;体表出现紫斑。

【综合判定】 根据流行病学、活体检疫和宰后检疫所发现的临床症状和病理变化可作出初步判定,确诊必须进行涂片镜检或采取血清学检查。

【检疫处理】 深埋病死畜体,肉尸的病变部分和有病变的脏器一律销毁;无病变的肉尸和内脏须经高温处理方可出场。

棘球蚴病

棘球蚴病是由棘球绦虫的幼虫——棘球蚴寄生于动物和人的肝脏、肺脏与其他器官中,引起的一种人兽共患寄生虫病。患病的犬、狼、狐等肉食动物是主要传染源,通过消化道食入传染。

【活体检疫】 病初没有明显症状,幼虫寄生在肺部出现呼吸困难、咳嗽、气喘、肺浊音区逐步扩大;移行至肝脏后表现肝硬化、腹围膨大、压迫肝区有痛感、消瘦等;发展严重时出现营养衰竭,因极度虚弱而死亡。

【宰后检疫】 病畜的肝脏、肺脏或其他脏器上有棘球蚴包囊。

【综合判定】 根据活体检疫、宰后检疫和血清学检查情况可进行初步判定,确诊需进一步做虫体检查和鉴定。

【检疫处理】 患病严重的内脏器官和肌肉组织作工业用或销毁,其他部分不受限制出场。

钩端螺旋体病

钩端螺旋体病是由致病性钩端螺旋体引起的一种人兽共患、自然疫源性传染病,以发热、黄疸、贫血、水肿、血红蛋白尿、出血性素质、流产以及皮肤和黏膜坏死等为特征。本病以7～10月份为流行高峰期,可发生于各种年龄的家畜。病畜和带菌动物是传染源,通过皮肤、黏膜和经消化道食入传染,也可通过交配、人工授精和在菌血症期间由吸血昆虫传播。

【活体检疫】 病畜体温升高,渐进性贫血,继而发生血尿和黄疸(在猪并不常见);口腔黏膜、鼻镜和耳颈部、腋下、外生殖器等处皮肤出现坏死;胃、肠功能障碍,体态消瘦。

【宰后检疫】 病畜黏膜发黄,呈油脂样光泽;唇、齿龈和舌面坏死,咽喉部、颈部和胸下有胶样水肿;肝脏肿大,质脆呈棕黄色;胆囊肿大;肺脏水肿黄染;心脏呈淡红色,心肌切面横纹消失;肾脏肿大、多汁;膀胱膨大,充满红色浑浊尿液;淋巴结肿大,周围组织胶样浸润;肌肉水肿;血凝不良。

【综合判定】 本病易感家畜种类繁多,其血清群与血清型很复杂,引起的临床症状和病理变化千变万化,判定必须采取病原检查和血清学检查。

本病应注意与血孢子虫病、产后血红蛋白尿、细菌性血红蛋白尿、马传染性贫血以及其他病原所致的黄疸、流产相区别。

【检疫处理】 对患病动物在宰前以不放血的方式扑杀,尸体销毁或化制,宰后的患病肉尸也应销毁或化制。

肝片吸虫病

肝片吸虫病是由片形属吸虫寄生在动物的肝脏和胆管内所引起的一种寄生虫病,以损坏动物肝脏、胆管而引起急性和慢性肝炎、胆管炎为特征,严重时可造成幼畜大批死亡。本病多发于多雨季节,牛、羊吃草或饮水时吞入囊蚴而感染,主要侵害牛、羊、骆驼、鹿和马,猪也能感染,人偶尔也能感染,多呈地方性流行。

【活体检疫和宰后检疫】 急性型病畜精神沉郁，食欲减退或消失，体温升高，贫血，腹痛，腹泻，肝脏肿大有压痛。有时突然死亡。

慢性型病畜贫血，结膜与口黏膜苍白，颌下、胸部和腹部发生水肿。食欲不振，体态消瘦，被毛粗乱、干燥易脱断、无光泽，肝脏肿大和肠炎等。

在家畜体况好时，轻微和中等感染一般不表现症状。

【综合判定】 根据活体检疫和宰后检疫情况可作出初步判断，确诊需进行粪便中虫卵的检查，或剖检肝胆管检查成虫。

【检疫处理】 发现本病，进行驱虫、粪便等堆积发酵、宰后病变轻微者，割除病变部分，其他部分不受限制出场，病变严重者，整个器官作工业用或销毁。

第二节　猪病的检疫

猪水疱病

猪水疱病是由猪水疱病毒引起的一种急性传染病，以蹄冠、蹄叉以及偶见唇、舌、鼻镜和乳头等部位皮肤或黏膜上发生水疱为特征。本病潜伏期为 2～7 天，猪是惟一的自然宿主，不分年龄、性别、品种均可感染。病猪、康复带毒猪和隐性感染猪为本病的传染源，病猪的水疱皮、水疱液、粪便、血液以及肠管、毒血症期所有组织均含有大量病毒，污染圈舍、车辆、工具、饲料和运动场而造成传播，或通过感染猪的肉屑和泔水进行传播。本病病毒易通过宿主黏膜（消化道、呼吸道黏膜和眼结膜)和损伤的皮肤感染,妊娠猪可经胎盘传染给胎儿。本病一年四季均可发生,但多见于冬春季。散养发病率低,集中圈养发病率高,但一般不引起死亡。

【活体检疫】 根据病毒株、感染途径、感染量和饲养条件的不同,本病可表现为亚临床型、温和型和严重水疱型,临床症状易与口蹄疫混淆。发病初期,猪群中有些猪突然跛行(在硬质地面上表现明显),关节疼痛,不愿站立、采食,尤以小猪感染最为严重。病猪体温升高 2℃～4℃,水疱破溃后即降至正常体温。蹄冠、蹄叉、鼻盘出现水疱,口腔、舌和乳头上皮很少有水疱;水疱破溃后形成糜烂,蹄壳松动或脱落;通常发病后 1 周内恢复,最长不超过 3 周;某些毒株不引起症状或仅引起较缓和的症状。

【宰后检疫】 病猪除口腔、鼻端和蹄部有水疱以及水疱破溃后形成溃疡灶外,内脏无明显变化。

【综合判定】 根据活体检疫和宰后检疫情况不能作为判定依据,确诊需进行病原鉴定和血清学检查,注意本病应与口蹄疫、水疱性口炎和猪水疱疹相鉴别。

【检疫处理】 若发现可疑病例,应严格隔离消毒,经诊断确定为本病时,立即封锁,并上报有关部门,就地对全群动物进行扑杀销毁处理。扑杀后对尸体、被污染的场地和猪场喷洒 1‰氢氧化钠溶液,然后对尸体及组织块进行销毁处理。

猪　瘟

　　猪瘟是由猪瘟病毒引起的一种急性、热性、高度接触性传染病,以发病急、高热稽留和细小管壁变性,从而引起泛发性小点状出血、梗死和坏死为特征。急性型多呈败血症变化,慢性型以纤维素性坏死性肠炎为特征。病后期常引起细菌性并发症。本病一年四季均可发生,以冬春季发病较多。本病只感染猪,且不分年龄、性别、品种都可感染,流行快、死亡率高。病猪是本病的主要传染源,由唾液、鼻液、眼分泌物和粪、尿等排出病毒,污染饲料、饮水和外界环境。本病主要经消化道、呼吸道感染。潜伏期2~21天。

【活体检疫】 检查猪群健康状况,重点检查有无以下异常特征:第一,突然发病,高热稽留,皮肤和黏膜发绀,有出血点;第二,体温升高,怕冷,精神沉郁,呆滞,食欲减退或废绝;第三,叫声嘶哑,拱背、垂头、夹尾,步态失调;第四,病初排粪干小,呈球状,混有黏膜或血液,后转为腹泻,或便秘与腹泻交替;第五,鼻端、耳后、腹部、四肢内侧有出血点或出血斑,指压不褪色;第六,用手挤压公猪包皮有黄白色恶臭积尿。

【宰后检疫】 下述病变可作为综合诊断定性的依据:第一,肾实质变性,可见包膜下有暗紫红色小点状出血;第二,淋巴结充血肿胀,切面周边出血,呈红白相间的"大理石样";第三,脾脏一般不肿大,边缘出现楔状梗死区;第四,喉头、膀胱、心脏内外膜有小点出血;第五,全身出血性变化,多呈小片或点状;第六,回盲瓣、回肠、结肠形成"扣状肿"(慢性猪瘟)。

【综合判定】 通过活体检疫和宰后检疫,临床症状和病理变化均典型,或仅病理变化典型,临床症状不明显,用《猪瘟检疫技术规范)(GB 16551－1996)中任一试验获得阳性结果,可判定为猪瘟病毒感染;发病情况、临诊症状、病理变化不详,不明显或不典型,但采用2项规范中所列试验获得阳性结果,也可判定为猪瘟病毒感染猪。

本病应注意与猪副伤寒、猪肺疫、猪丹毒、仔猪水肿病、非洲猪瘟、猪弓形虫病、伪狂犬病、猪流行性感冒相区别(表6-3)。

表 6-3　猪瘟与相似疾病的鉴别

病　名	相同症状	与猪瘟的区别
猪副伤寒	体温升高,腹泻	6月龄以下仔猪多发,肝脏有副伤寒结节,肠系膜淋巴结髓样变性,有弥漫性固膜性肠炎或浅平溃疡,脾脏多肿大,无脾梗死,肠无纽扣状溃疡,出血性素质不明显
猪肺疫	体温升高,出血	散发,主要为成年猪患病。下颌间隙、咽喉甚至颈部皮下有明显的浆液性、出血性水肿;浆液性淋巴结炎;出血纤维素性肺炎。出血性素质没有猪瘟明显
猪丹毒	体温升高,多呈急性	架子猪多患病,全身(内脏、皮肤)淤血,脾脏肿大、质软,有出血性肾小球肾炎和卡他性胃肠炎,淋巴结呈紫红色;出血性素质不明显,亚急性病例皮肤疹块,慢性病例有内膜炎、皮肤坏死和关节炎
仔猪水肿病	多呈急性死亡	断奶前后的仔猪患病,眼睑、结膜、颈、腹部皮下水肿,胃壁水肿、增厚如胶冻样,大肠系膜水肿,有浆液性胃肠炎
非洲猪瘟	症状、病变均相似	出血性素质更明显,脾脏明显肿大、软化;肾脏淤血;肝脏、肾脏、肠系膜淋巴结经常受到损害,呈血块样;肺间质胶样水肿;胸腔积聚血样液体;脾梗死罕见
猪弓形虫病	体温升高,皮肤、淋巴结出血	肺脏间质水肿;肝脏有散在的针尖大至粟粒大淡黄色或黄色坏死灶;肺脏、胃、肝脏、脾脏、肠系膜淋巴结肿大,并有出血和坏死灶;肝脏、肺脏、淋巴结涂片后用姬姆萨氏或瑞氏染色或切片 H.E. 染色镜检,均可发现弓形虫
伪狂犬病	神经症状,非化脓性炎症	有卡他性胃肠炎和固膜性扁桃体炎;肝脏有粟粒状、白色或灰白色坏死灶

病　名	相同症状	与猪瘟的区别
猪流行性感冒	体温升高，发病急，传播快	多发于寒冷季节，死亡率较低；上呼吸道黏膜呈明显的浆液性炎症，也可见卡他性支气管肺炎

【检疫处理】　在群体或个体检疫中，凡经综合判定为猪瘟的，应按一类病要求，采取必要的防控措施，扑杀病猪和同群猪，并按《畜禽病害肉尸无害化处理规范》(GB 16548－1996)进行无害化处理。对污染的猪舍、场地、用具、污水、垫料、粪便等彻底消毒。对受威胁的猪进行紧急预防接种，搞好猪群的定期免疫和补防工作。

非洲猪瘟

非洲猪瘟是由非洲猪瘟病毒引起的一种传染性很强的急性、致死性传染病，以发热、皮肤发绀、内脏器官特别是淋巴结、肾脏、胃肠黏膜明显出血为特征。临床症状、剖检变化、传染性等类似猪瘟，死亡率可高达100％。本病潜伏期为5～15天，猪、疣猪、豪猪和森林野猪对本病易感，病猪和带毒猪的各种分泌物和排泄物，以及各种器官均含有病毒，是本病的主要传染源。

【活体检疫】　通常表现为急性型，然后转变为亚急性，以后大多数表现为慢性型或隐性型。病初病猪体温突然升高至40℃以上，精神沉郁，厌食，卧于一隅或相互堆叠，全身衰弱不愿行动，后肢无力，心跳、呼吸加快，呼吸困难，咳嗽，鼻流黏液，鼻端、耳、腹部等处发绀，腹泻带血。

【宰后检疫】 心外膜、心内膜和淋巴结有严重的弥漫性出血;心包积液,胸水、腹水增多;肺脏水肿,胆囊扩张;耳、鼻端、四肢末端、尾、外阴、腹股沟部、胸腹侧和腋窝等无毛或毛少处的皮肤出现紫红色斑,界限明显;脾脏肿大,呈黑色;几乎所有的淋巴结均肿大,且边缘呈红色。

【综合判定】 根据活体检疫和宰后检疫情况可以作出初步判定,确诊需进行酶联免疫吸附试验或间接荧光抗体试验等。

本病应注意与猪瘟、猪丹毒、猪副伤寒、猪巴氏杆菌病相区别。

【检疫处理】 我国无本病发生,但必须高度警惕,严禁从有非洲猪瘟的地区和国家进口生猪及其产品,对旅客携带的生猪肉及其产品按照《畜禽病害肉尸无害化处理规范》(GB 16548－1996)中的要求进行销毁处理,对进口的生猪进行严格的检疫。邮寄猪产品的邮包应退回,以防本病的传入。

一旦发现可疑疫情,要立即上报,并将病料严密包装,迅速送检。同时,按照《中华人民共和国动物防疫法》规定,采取紧急、强制性的控制和扑灭措施。封锁疫区,迅速扑杀疫区内所有生猪,无害化处理动物尸体及其产品,并全面消毒。对疫区及其周边地区进行监测。

猪流行性乙型脑炎

猪流行性乙型脑炎又称日本脑炎,是由流行性乙型脑炎病毒引起的一种人兽共患急性传染病,猪以流产、产死胎和睾丸炎为特征。本病人工感染潜伏期一般为3～4天,发病有明显的季节性,多发生于7～9月份蚊虫孳生繁殖和猖狂活动的季节。马、骡、驴、牛、羊、猪、狗、猫等均可感染,猪不分品种和性别均易感,人也易感。带毒动物是传染源,主要通过蚊虫叮咬而传播。

【活体检疫】 病猪体温突然升高至40℃~41℃,呈稽留热;精神沉郁,食欲减少,饮欲增强;结膜潮红,视力障碍;后肢轻度麻痹,步样踉跄,关节肿大,倒地不起而死亡;妊娠母猪常发生流产、产死胎或木乃伊胎儿;公猪除一般症状外,表现为睾丸炎。

【宰后检疫】 脑膜和脊髓膜充血,脑室和脊髓腔内积液增多;睾丸肿大,实质充血、出血和坏死,多为单侧性;子宫内膜充血,黏膜上覆有黏稠的分泌物,伴有出血点;肝脏、肾脏肿大,有坏死灶;胸腔、心包积液,实质脏器可见有多发性坏死灶;胎盘呈炎性反应,胎儿有时呈木乃伊化。

【综合判定】 根据活体检疫和宰后检疫情况可作初步判定,确诊需做病原鉴定和血清学检查。

注意本病应与布氏杆菌病相区别,具体鉴别要点见表6-4。

表6-4 猪流行性乙型脑炎与布氏杆菌病的鉴别要点

病名 特点	猪流行性乙型脑炎	布氏杆菌病
病原	流行性乙型脑炎病毒	布氏杆菌
流行季节	蚊虫活动的季节(夏秋季)	无明显季节性
睾丸炎	多为一侧性	多为两侧性
附睾炎	无(不肿大)	有(肿大)
流产发生的时间	妊娠前、中、后期均有可能	多在妊娠第三个月
胎儿与胎盘病变	或大或小的死胎、木乃伊胎儿,胎儿脑和皮下水肿	多为死胎,胎儿与胎盘明显出血
非化脓性脑炎	有	无

病　名 特　点	猪流行性乙型脑炎	布氏杆菌病
内脏布氏杆菌病结节	无	常　有

【检疫处理】　发生本病时,按《中华人民共和国动物防疫法》及有关规定,将患病动物予以扑杀并进行无害化处理。死猪、流产胎儿、胎衣、羊水等,均需进行无害化处理。污染场地和用具应彻底消毒。

猪繁殖与呼吸综合征

　　猪繁殖与呼吸综合征又称蓝耳病,是由猪繁殖与呼吸综合症病毒引起的以妊娠母猪发生早产、后期流产、产死胎和木乃伊胎儿以及仔猪呼吸异常为特征的一种传染病。本病潜伏期通常为 14 天,猪舍卫生条件差、饲养密度大、高湿度和低温环境可促使本病流行。病猪和带毒猪是主要的传染源,空气传播和接触传播是本病的主要传播途径。不同品种、年龄和性别的猪均可感染,繁殖母猪和仔猪较易感。

【活体检疫】　种母猪表现为精神沉郁,食欲减少或废绝,咳嗽,不同程度的呼吸困难。妊娠母猪发生早产、后期流产、产死胎、胎儿木乃伊化、产弱仔猪等。仔猪表现为体温升高至 40℃ 以上,双耳背面、边缘、腹侧和外阴皮肤呈现一过性的青紫色或紫色斑块;呼吸困难,有时呈腹式呼吸;被毛粗乱,肌肉震颤,共济失调,有的病仔猪呈"八"字形呆立,后躯瘫痪;呈渐进性消瘦,眼睑水肿,死亡率高达 83％。肥育猪表现为高热、咳嗽、气喘、腹泻。种公猪表现为咳嗽、厌食和嗜睡,呼吸急促,运动障碍。

【宰后检疫】 病理变化不太明显,剖检母猪可见肺脏水肿、肾盂肾炎和膀胱炎;仔猪皮下、头部水肿,胸腹腔积液;耐过猪呈多发性浆膜炎、关节炎、非化脓性脑膜炎和心肌炎等病变。

【综合判定】 根据活体检疫和宰后检疫情况可作出初步判定,确诊需进行病原鉴定和血清学检查。

【检疫处理】 做好进境猪只的口岸检疫工作,禁止从疫区引进种猪。发现病猪按《中华人民共和国动物防疫法》及有关规定,采取严格控制、扑灭措施,防止扩散。疫区和受威胁区要接种弱毒疫苗控制疫情。

猪细小病毒病

猪细小病毒病是由猪细小病毒引起的一种猪的繁殖障碍病,以妊娠母猪发生流产、死胎、产木乃伊胎儿为特征。本病多发生于春夏季节或母猪产仔、交配季节。病猪和带毒猪是主要传染源,污染的猪舍是猪细小病毒的主要贮藏所。本病可通过胎盘、呼吸道、生殖道或消化道感染,各种家猪和野猪均易感。

【活体检疫】 妊娠母猪出现繁殖障碍,如流产、产死胎、产木乃伊胎儿、产后久配不孕等,其他猪感染后不表现明显的临床症状。

【宰后检疫】 可见感染胎儿有充血、水肿、出血、体腔积液、脱水和坏死等病变。

【综合判定】 根据活体检疫和宰后检疫情况可作出初步判定,确诊需进行病原鉴定和血清学检查。

【检疫处理】 发生疫情后,首先隔离疑似发病动物,尽快确诊。划定疫区,进行封锁,制订扑灭措施,做好疫区特别是污染猪舍的彻底消毒和清洗。病死动物尸体、粪便及其他废弃物进行深埋或高温消毒处理。

猪传染性胃炎

猪传染性胃炎是由猪传染性胃肠炎病毒引起的猪的一种高度接触传染性肠道疾病，以呕吐、严重腹泻和脱水为特征。各种年龄的猪均可发病，10日龄以内的仔猪病死率很高，较大的或成年猪几乎无死亡。病猪和带毒猪是本病的主要传染源，其排泄物、奶、呕吐物、呼出的气体等均能排出病毒，污染环境、土壤、用具、饲料、饮水和空气等。病毒主要是通过消化道和呼吸道传染给易感猪，在深秋、冬季和早春多发，夏季少发。

【活体检疫】 仔猪发病突然，先呕吐，后发生频繁的水样腹泻。粪便开始时稍黏稠，很快成为稀便、水便顺肛门流出。粪便呈黄色、灰黄褐色或淡黄色水样，有腥臭味，常夹带有未消化的凝乳块。肛门和会阴部呈红色，乳猪迅速脱水，喜呆立一隅，弓腰没有精神。病猪极度口渴，明显脱水，体重迅速减轻。日龄越小，病程越短，病死率越高。

幼猪、肥猪和母猪的症状轻重不一，通常仅表现1天至数天的食欲不振或缺乏，个别猪呕吐，水样腹泻呈喷射状，排泄物呈灰色或褐色，5～8日后腹泻停止而康复。

【宰后检疫】 主要病变在胃和小肠，剖检可见轻重不一的卡他性胃肠炎，胃底黏膜轻度充血。肠内充满黄色或灰白色较透明的液体，肠壁菲薄而缺乏弹性，肠系膜充血，淋巴结肿胀。肾脏常有浑浊肿胀，并含有白色尿酸盐类。

【综合判定】 根据临床症状和病理变化可作出初步诊断，确诊常采用病毒分离、仔猪接种试验、荧光抗体检验等方法。

本病应注意与肠病毒性胃肠炎、猪密螺旋体痢疾、大肠杆菌败血症、梭菌性肠炎、猪副伤寒、弯杆菌病相区别,具体鉴别要点见表 6-5。

表 6-5　猪传染性胃肠炎与 6 种肠道疾病的鉴别要点

病　　名	与传染性胃肠炎的区别
肠病毒性胃肠炎	主要为断奶仔猪患病,病死率较低(15％左右),接触传染性较低,传染较慢,潜伏期较长(达 20 天),有的可见神经症状和非化脓性脑炎
猪密螺旋体痢疾	常见于 1～4 月龄的仔猪,病死率较高(70％)。呈水样血痢,粪便中可查出密螺旋体;病变主要在大肠,呈卡他性、出血性肠炎(急性)或纤维素坏死性盲、结肠炎(亚急性、慢性);大肠、肠系膜淋巴结、脾脏、肝脏组织切片中也可发现螺旋体。
大肠杆菌败血症	主要见于生后 10 内天的仔猪,有剧烈腹泻,粪便呈淡黄色,病死率高;呈出血性素质和急性卡他性胃肠炎;脾脏肿大,肝脏颗粒变性;从血液和许多器官、组织中可分离到致病性大肠杆菌
梭菌性肠炎	主要是生后 1～7 天的仔猪患病,常为散发,粪便带血;剖检见急性浆液性胃炎,出血、坏死溃疡性肠炎;急性病例有变质性肝炎、肾炎和心肌炎;从病料中可分离出梭菌
猪副伤寒	多发于 1～4 月龄的仔猪,急性病例主要呈败血症症状,体温升高,腹泻,剖检可见出血性素质,卡他性、出血性胃肠炎,脾脏增大,淋巴结髓样变性,肝脏有坏死灶;慢性病例主要表现固膜性肠炎(盲肠、结肠)、肝脏增生灶与坏死灶、脾脏增生,也常见坏死性扁桃体炎和慢性卡他性肺炎;从病料中可分离出沙门氏菌

病　名	与传染性胃肠炎的区别
弯杆菌病	多发于断奶前后的仔猪,病死率高,可见口渴,不食,进行性腹泻;剖检可见大肠内无粪便或粪便呈灰红色液状,黏膜显著肿胀、潮红,常有糜烂;采用银染法染色镜检时见黏膜下层有弯杆菌,弯杆菌积聚处周围有组织细胞、淋巴细胞和少量浆细胞浸润

【检疫处理】　发现病猪应及时淘汰,死猪应进行无害化处理,污染的场地、用具等应严格消毒。

猪　丹　毒

猪丹毒是由红斑丹毒丝菌引起的一种呈急性或慢性经过的人兽共患传染病。急性型表现为败血症状或在皮肤上发生特异性红疹;慢性型表现为非化脓性关节炎或增生性心内膜炎,潜伏期 3~5 天。本病的流行有明显的季节性,7~9 月份的夏秋季节发病最多。病猪和带菌猪是主要传染源,不同年龄和品种的猪均易感。主要通过消化道引起感染。

【活体检疫】　急性型又称败血型,病猪体温升高至 42℃以上,眼结膜充血,粪便干小,后期转为腹泻,在耳后、背、胸、四肢处皮肤呈现充血、淤血,以后逐渐变为暗紫色,死亡率达80%~90%。亚急性型又称疹块型,病猪体温升高至 42℃ 以上,发病后 2~3 日内,在胸、腹、背、肩、四肢等处皮肤发生块疹,呈方形、菱形、圆形,稍凸起于皮肤,俗称"打火印"。初期充血,指压褪色,后期淤血,压之不褪,常可自愈。慢性型多由急性型或亚急性型转化而来,以关节炎、心内膜炎,或两者并发为主要症状。

【宰后检疫】 急性型病例全身淋巴结肿大,呈浆液性、出血性炎症变化;胃肠黏膜有出血性炎症;肾脏浑浊肿胀充血,严重者呈蓝紫色;脾脏肿大,呈樱桃红色。亚急性疹块型的主要表现是疹块内血管扩张,皮肤和皮下组织水肿浸润,压迫血管,疹块中央呈白色,仅周围呈红色。慢性型病例主要表现心内膜发炎,常在左心室瓣膜有疣状增生物,发炎关节腔有纤维素性渗出物。

【综合判定】 根据活体检疫和宰后检疫情况可作出初步判定,确诊须进行病原鉴定。

本病应注意与猪瘟、猪肺疫、猪副伤寒和败血型猪链球菌病等相区别。

【检疫处理】 一旦发生本病,应立即采取严格措施扑杀病猪,做好无害化处理,对猪舍、用具等进行严格消毒。

猪 肺 疫

猪肺疫又称猪出血性败血症或猪巴氏杆菌病,是由多杀性巴氏杆菌引起猪的一种急性、热性传染病。最急性型病例出现败血症和咽喉炎症状;急性型病例出现纤维素性胸膜肺炎症状;慢性型病例较少见,通常出现慢性肺炎症状。本病潜伏期为1~5天,常呈地方性流行。急性型和慢性型多呈散发性,并且常与猪瘟、猪支原体肺炎等混合感染。病猪和健康带菌猪是传染源,主要经呼吸道、消化道传染,不同年龄的猪对本病均易感。

【活体检疫】 最急性型常突然发病,迅速死亡;病程稍长者,体温升高至41℃~42℃;结膜充血、发绀;耳根、颈部、腹侧和下腹部等皮肤发生红斑,指压不褪色;咽喉发热、红肿、坚硬,呼吸困难,口、鼻流血样泡沫,病程1~2天。急性型是常见病型,除败血症症状外,病初体温升高至 40℃～41℃,痉挛性干咳,有鼻漏和脓性结膜炎,呼吸困难,常呈犬坐姿势,触诊胸部有剧烈疼痛,听诊有啰音和摩擦音,最后多因窒息而死。慢性型表现为慢性肺炎和慢性胃肠炎症状,有持续性咳嗽与呼吸困难,关节肿胀,时发腹泻,呈进行性消瘦,最后多因衰竭致死。

【宰后检疫】 最急性型以全身黏膜、浆膜、皮下组织、内脏大量出血,咽喉部及其周围结缔组织出血性浆液性浸润为特征;切开颈部皮肤,有大量胶冻样淡黄色液体;全身淋巴结肿大,呈浆液性出血性炎症;心内膜有出血斑点;肺部充血水肿;急性型肺部有肝变、水肿、气肿和出血等病变,病程稍长,肝变区有坏死灶,肺小叶间浆液浸润,肺炎部切面呈大理石状,肝变部表面有纤维素性絮片,常与胸膜粘连;胸淋巴结肿大,切面发红多汁。慢性型肺部有较大坏死灶,有结缔组织包囊,内含干酪样物质,有的形成空洞;胸膜增厚、粗糙。

【综合判定】 根据活体检疫和宰后检疫情况可作出初步判定,确诊须经病原鉴定。

本病应注意与猪瘟、猪丹毒、炭疽、仔猪双球菌病、猪支原体肺炎、猪流行性感冒、猪副伤寒相区别,具体鉴别要点见表6-6。

表 6-6 猪肺疫与 7 种相似疾病的鉴别要求

病　名	相同症状	与猪肺疫的区别
猪瘟	出血性素质,发病急,死亡快,有纤维素性肺炎症状(继发猪肺疫时)	淋巴结呈大理石样变性,脾梗死,全身明显出血,有非化脓性脑炎症状,大肠有纽扣状溃疡(慢性)

病　名	相同症状	与猪肺疫的区别
猪丹毒	出血性素质,发病急,死亡快,体温升高	出血性素质轻,全身淤血现象明显;有出血性肾小球肾炎症状;脾脏肿大、质软;淋巴结淤血,呈紫红色
炭　疽	咽喉部皮下水肿	浆液性出血性或出血性坏死性淋巴结炎(颌下、咽背淋巴结),纤维素性出血性或出血性坏死性扁桃体炎
仔猪双球菌病	败血性变化,有卡他性、化脓性肺炎(慢性)症状	常见于新生仔猪,有胃肠炎症状;脾脏肿大,有弹性,呈樱桃红色;慢性见于1~1.5月龄仔猪
猪支原体肺炎	气喘,呼吸困难,有肺炎症状	病变多限于肺尖叶、心叶和膈叶前缘,两侧病变区对称,病区呈淡红色、灰红色或灰黄色,支气管淋巴结和纵隔淋巴结肿大数倍,切面呈灰白色
猪流行性感冒	发病快,呼吸困难,有肺炎症状	仔猪病情严重,寒冷季节发病,传播快,上呼吸道和肺呈卡他性炎,常有卡他性胃肠炎,颌下、咽背、支气管淋巴结呈浆液性炎
猪副伤寒	体温升高,有肺炎症状,出血性素质	卡他性出血性或固膜性大肠炎,肝脏有副伤寒结节,淋巴结髓样变性,脾脏增生肿大,质硬实

【检疫处理】　宰后发现病猪,要严格按照无害化处理标准实施;发现猪群发病,应立即采取隔离、消毒、紧急预防接种等措施,尸体应深埋或进行高温无害化处理。

猪链球菌病

猪链球菌病是由多种不同群的链球菌引起的不同临床类型的传染病的总称，主要包括败血型、脑膜炎型和关节炎型3种类型。本病潜伏期一般1~3天，一年四季均可发生，但5~11月份较多发，呈地方性流行。病猪或病愈带菌猪是主要传染源，主要经呼吸道、消化道和损伤皮肤感染。猪、马属动物、牛、绵羊、山羊、鸡、兔、水貂以及一些水生动物均有易感性，不同年龄、品种和性别的猪均易感。Ⅱ型猪链球菌可感染人并导致死亡。

【活体检疫】 败血型猪链球菌病在初期常呈最急性，病猪常无任何症状而突然死亡；病程稍长的，体温升高至40℃~43℃，呈稽留热，呼吸促迫；鼻镜干燥，流浆液性或脓性鼻涕；结膜潮红，流泪；便秘或腹泻，在耳、腹下和四肢末端出现紫斑；个别猪出现多发性关节炎，跛行或不能站立，最后衰竭死亡。脑膜炎型病例多见于哺乳仔猪和断奶仔猪，常表现为神经症状，四肢共济失调，转圈、磨牙、仰卧、后肢麻痹、爬行，最后麻痹致死。关节炎型病例是由前两型转化而来，以关节等处形成脓肿为特征。

【宰后检疫】 败血型以出血性败血症病变和浆膜炎为主，鼻黏膜呈紫红色，充血或出血；喉头、气管黏膜出血，常见大量泡沫；肺脏充血肿胀；全身淋巴结有不同程度的充血、出血、肿大，有的切面坏死或化脓；黏膜、浆膜和皮下均有出血斑；心包和胸腹腔积液浑浊，含有絮状纤维素，附着于脏器，与脏器相连；脾脏肿大。脑膜炎型病例脑膜充血、出血，严重者溢血，部分脑膜下有积液，脑切面有针尖大的出血点，并有败血型病变。关节炎型病例关节皮下有胶样水肿，关节囊内有黄色胶冻样或纤维素性脓性渗出物，关节滑膜面粗糙。

【综合判定】　根据活体检疫和宰后检疫情况可作出初步判定，确诊需做病原鉴定。

本病应注意与李氏杆菌病、猪丹毒、猪副伤寒和猪瘟相区别。

【检疫处理】　发现病猪和死猪要严格按照规定治疗或进行无害化处理。受威胁的猪场、村庄对猪只进行免疫接种，做好猪舍、用具等的消毒工作。

猪传染性萎缩性鼻炎

猪传染性萎缩性鼻炎是由产毒性多杀性巴氏杆菌单独或与支气管败血波氏杆菌联合引起的一种慢性呼吸道传染病，以鼻炎、鼻甲骨萎缩不同程度的鼻变形和生长缓慢为特征。本病传播比较缓慢，多为散发。任何年龄的猪都可感染本病，以仔猪易感性最大。病猪和带菌猪是主要传染源，通过呼吸道感染。

【活体检疫】　主要症状为打喷嚏，从鼻腔流出透明黏液性分泌物或脓性分泌物。病猪时常摇头，拱地，摩擦鼻端，鼻镜周围皮肤增厚，发生皱褶。眼角常流泪，与尘土黏积在眼眶下形成半月形"泪斑"。鼻甲骨萎缩时，使鼻缩短或偏向一侧。

【宰后检疫】　病变一般局限于鼻腔及其附近组织，鼻甲骨与中隔失去原形，或大部分消失。有黏液性或脓性鼻液。

【综合判定】　根据活体检疫和宰后检疫情况可作出初步判定，确诊需做病原鉴定。

本病应注意与猪流行性感冒、传染性坏死性鼻炎、骨软症、猪包涵体鼻炎、猪接触性传染性胸膜肺炎相区别，具体鉴别要点见表6-7。

表 6-7　猪传染性萎缩性鼻炎与 5 种相似疾病的鉴别要点

病　名	相同症状	与猪传染性萎缩性鼻炎的区别
猪流行性感冒	鼻炎，流鼻涕，呼吸困难	呈急性、亚急性经过，在仔猪中蔓延很快，无鼻甲骨萎缩
传染性坏死性鼻炎	鼻炎，流鼻涕	其特征为软组织与骨组织均发生坏死，坏死物腐臭，常有瘘管，多由外伤后坏死杆菌感染引起
骨软症	鼻、面部变形，呼吸困难	鼻、面部变形，表现为鼻部肿大、面骨疏松，无鼻甲骨萎缩，也无喷嚏和泪斑
猪包涵体鼻炎	鼻炎，流鼻涕，喷嚏，呼吸困难	病原为细胞巨化病毒，2～3 周龄仔猪多发，呈急性经过，仅为中度发热的鼻炎症状；发病率高，但无化脓性并发症时死亡率低；并发症有鼻窦炎、中耳炎、肺炎；本病的特征变化为鼻黏膜固有层的腺体及其导管的巨化上皮细胞中有核内包涵体，呈嗜碱性、嗜酸性；无鼻甲骨萎缩
猪接触性传染性胸膜肺炎	呼吸困难，流鼻涕	主要病变为肺炎和胸膜炎，无鼻甲骨萎缩和鼻、面部变形

【检疫处理】　发现病猪应做淘汰处理，与病猪接触的猪要隔离喂养，观察 3～6 个月，经检验无病时可视为健康猪。污染场地要严格消毒。屠宰后发现本病，头和肺脏须高温处理，其胴体可无限制出场。

猪副伤寒

猪副伤寒亦称猪沙门氏菌病，是由沙门氏菌属细菌引起的仔猪的一种传染病。急性经过呈败血症变化，慢性者呈坏死性肠炎变化，有时发生卡他性或干酪性肺炎。各种年龄的猪均可感染,6 月龄以下的仔猪,尤以 1～4 月龄者多发。病猪和带菌猪是本病的主要传染源,可由粪便排出病原菌,污染饲料、饮水和环境,经消化道感染健康猪。特别是鼠伤寒沙门氏菌,可潜藏于消化道、淋巴组织和胆囊内,当外界不良因素使其机体抵抗力下降时,病原菌可活动发生内源性感染。本病发生无季节性,但猪在多雨潮湿季节发病较多。潜伏期一般 2 天左右。

【活体检疫】

急性型(败血型):通常由猪霍乱沙门氏菌引起,主要发生在 5 月龄以下的断奶猪,表现单个猪或呈流行性的突然死亡和流产。临床表现为体温升高,精神不振,不食。后期有下痢、呼吸困难,耳根、胸前和腹下皮肤有紫红色斑点。发病 3～4 天后出现腹泻,排黄色水样稀便。本病的发病率不超过 10%,但死亡率高。

亚急性型和慢性型:是本病临床上多见的类型。病猪体温升高,寒战,喜聚堆,眼有黏液性或脓性分泌物,上下眼睑常被黏着。食欲不振,初便秘后下痢,粪便呈淡黄色或灰绿色,有恶臭气味。部分病猪的中、后期出现弥漫性湿疹,特别是在腹部皮肤,有时可见绿豆大、干涸的浆液性覆盖物,揭开后可见浅表溃疡。最后极度消瘦,衰竭而死。

【宰后检疫】 急性者主要呈现为败血症变化,脾脏常肿大,呈暗红色带蓝色,坚硬似橡皮;肠系膜淋巴结索状肿大,软而红,类似大理石状;肝脏、肾脏也有不同程度的肿大、充血和出血;全身各黏膜、浆膜均有不同程度的出血斑点,胃肠黏膜可见急性卡他性炎症。亚急性型和慢性型特征性病变为坏死性肠炎,盲肠有时波及至回肠后段,肠壁增厚,黏膜上覆盖有一层弥漫性坏死性和腐乳状物质,剥开见底部红色边缘不规则的溃疡面;肠系膜淋巴结索状肿胀,脾脏稍肿大,肝脏有时可见黄灰色坏死小点。

【综合判定】 根据活体检疫和宰后检疫情况可作出初步判定,确诊常采用细菌学检查和血清学检查,如玻片凝集试验等。

本病应注意与猪瘟、猪传染性胃肠炎、仔猪大肠杆菌病、仔猪水肿病、仔猪双球菌病、饲料中毒、弓形虫病相区别,具体鉴别要点见表6-8。

表6-8 副伤寒与7种相似疾病的鉴别要点

病　名	相同症状	与副伤寒的区别
猪　瘟	出血性素质,大肠溃疡,肺炎	各种年龄的猪均可发病;呈卡他性化脓性结膜炎;出血性素质明显;淋巴结呈大理石样变;脾梗死;纤维素性肺炎;大肠有同心层扣状溃疡;非化脓性脑炎
猪传染性胃肠炎	腹泻,胃肠炎	各种年龄的猪均可发病,但10日龄以内的仔猪病死率最高;有卡他性出血性胃炎和小肠炎;脾脏无变化;肝脏无副伤寒结节和坏死灶;细菌检查阴性
乳猪大肠杆菌病	下痢,败血症变化,胃肠炎	生后10～14天的仔猪较多发病,呈急性经过,粪便呈灰白色;有急性卡他性胃炎和小肠炎症状,为急性败血过程;细菌检查可见到致病性大肠杆菌
仔猪水肿病	断奶前后的仔猪患病,胃肠炎	眼睑、前额、耳根、颈、腹皮下与腹股沟、胃壁、大肠系膜水肿,浆液性胃肠炎,浆液性肠系膜淋巴结炎,肝脏与小肠系膜明显淤血,可从小肠和内脏分离出致病性大肠杆菌

病　名	相同症状	与副伤寒的区别
仔猪双球菌病	败血变化,胃肠炎,肺炎	卡他性或化脓性胃肠炎和关节炎;内脏取材涂片,经姬姆萨氏染色镜检可查到双球菌
饲料中毒	胃肠炎,腹泻	胃和十二指肠的炎症变化最为明显,肝脏与肾脏变性;无败血性变化,肝脏有副伤寒结节,固膜性肠炎,分离不到沙门氏菌
弓形虫病	肝脏散发淡黄色或灰白色病灶;卡他性出血性或溃疡性胃肠炎	暴发,死亡率高,皮肤有紫红色斑点;肺脏水肿,有间质性肺炎;肝组织增生,坏死灶很多,且间质有增生性炎症;淋巴结明显肿大、充血、出血和坏死;脑实质有坏死灶和胶质细胞增生;镜检可在肺脏、肝脏、脑等器官组织和巨噬细胞中发现弓形虫假囊

【检疫处理】　发生本病时,病猪应隔离治疗,同群未发病猪进行紧急预防接种,死猪进行无害化处理。

猪支原体肺炎

猪支原体肺炎又称猪气喘病、猪地方流行性肺炎、猪霉形体肺炎,是由猪肺炎支原体引起的一种慢性呼吸道传染病,主要症状为咳嗽和气喘,病变特征是融合性支气管肺炎。本病潜伏期一般为 11~16 天,一年四季均可发生,但以冬春寒冷季节发生较多。病猪和隐性感染猪是主要传染源,主要通过呼吸道传染。自然感染仅见于猪,不同年龄、性别、品种和用途的猪均易感。

【活体检疫】 急性型病猪精神不振，不愿走动，呼吸加快，呈腹式呼吸或犬坐姿势；慢性型多发于架子猪、肥育猪和后备母猪，在清晨、晚上、运动和进食后发生咳嗽，咳嗽时站立不动，背拱起，颈伸直，头下垂，直至将呼吸道分泌物咳出咽下为止，以后病猪表现不同程度的呼吸困难，体态消瘦，发育停滞；隐性感染型无明显临床症状。

【宰后检疫】 主要在两肺的尖叶、心叶、中间叶和膈叶前下缘呈融合性支气管肺炎变化。初期病变的颜色多为淡红色或灰红色，半透明状，界限明显，呈鲜嫩的肉样，俗称"肉变"。随病情加重，病变色泽变深，坚韧度增加，外观不透明，俗称"胰变"或"虾肉样变"。肺门淋巴结和纵隔淋巴结显著肿大，呈灰白色，切面外翻、湿润，有时边缘轻度充血。

【综合判定】 根据活体检疫和宰后检疫情况可作出初步判定，确诊需做 X 光检查或血清学检查。

本病应注意与猪流行性感冒、猪肺疫、猪肺丝虫病和猪蛔虫病相区别。

【检疫处理】 发现本病后应按《中华人民共和国动物防疫法》和有关规定，采取严格控制、扑灭措施，防止扩散。发现有咳嗽、气喘症状的可疑病猪，立即隔离，用 X 光检查确诊，病猪应淘汰处理。

猪密螺旋体痢疾

猪密螺旋体痢疾又称猪血痢，是由致病性猪痢疾螺旋体引起的一种危害严重、以大肠黏膜发生黏液性、出血性和坏死性炎症为特征的猪肠道传染病。临床症状为病猪消瘦，有黏液性或出血性下痢。本病的潜伏期为 2 天至 3 个月。自然情况下，仅猪发病，各种年龄的猪均可感染，一般以 7～12 周龄、体重在 15～70 千克的猪发病较多。病猪和带菌猪是本病的主要传染源,康复猪带菌可长达数月,感染途径主要是经消化道感染,流行无明显的季节性。

【活体检疫】 病猪下痢,粪便呈粥样或水样,内含黏液、黏膜或呈血样,有体温升高和腹痛现象。病程长的还表现脱水、消瘦和共济失调。本病根据病程长短可分急性型、亚急性型和慢性型。暴发初期多呈急性型,随后以亚急性型和慢性型为主。急性型病猪常突然死亡,体温升高达 40℃～40.5℃,食欲减少;下痢,开始排黄色至灰色的软便,并含有血液、黏膜和白色黏性纤维素性渗出物;病猪拱背,有时呈现腹痛症状;脱水、衰弱、消瘦;血液黏稠,大肠出血,严重的发生贫血。亚急性型和慢性型病情较轻,腹泻,粪便带有黏液和血液,病程长者进行性消瘦,病死率低,生长发育不良。

【宰后检疫】 特征性病变在大肠,表现卡他性出血性坏死性炎症,肠黏膜表面有点状坏死和伪膜。肠系膜淋巴结肿胀、充血,腹水增量。

【综合判定】 根据活体检疫和宰后检疫情况可作出初步诊断,确诊需采取病原检查和血清学检查。

本病应注意与猪副伤寒、仔猪白痢、仔猪黄痢、仔猪红痢、猪传染性胃肠炎、猪流行性腹泻、猪轮状病毒感染相区别。

【检疫处理】 发现本病后,病群应全群淘汰、彻底消毒。屠宰后发现本病时,将病变部分销毁,其他部分可无限制出场。

猪囊尾蚴病

猪囊尾蚴病是由人的有钩绦虫幼虫寄生于猪体横纹肌肉而引起的一种人兽共患寄生虫病,又称猪囊虫病。患病猪肉俗称"米心肉"、"豆猪肉"等。猪囊尾蚴主要寄生在肌肉中,尤以咬肌,心肌、舌肌、膈肌、肋间肌等处最多见,经 8～10 周发育为成熟的猪囊尾蚴。人吃了未煮熟的病猪肉而感染,囊尾蚴头节外翻,吸附于十二脂肠黏膜上,经 2～3 个月发育成为有钩绦虫,病人排出孕卵节被猪采食,人和猪之间形成循环传染。

【活体检疫】　轻症病猪无明显症状,严重时因寄生部位不同,表现的症状也不一样。囊尾蚴寄生在脑部时,出现癫痫、痉挛,或因急性脑炎而死亡;寄生在咽喉肌肉时,叫声嘶哑,呼吸加快,并常有短声咳嗽;寄生在四肢肌肉时,出现跛行;寄生在舌肌或咬肌时,常引起舌麻痹,咀嚼困难;寄生在心肌时,可导致心肌增厚或心包炎。

【宰后检疫】　屠宰后,仔细检查舌肌、咬肌、腰深肌、膈肌、心肌、肩胛外侧肌、腹部内侧肌等处,发现囊尾蚴虫即可确诊。

【综合判定】　活体检疫判定比较困难,确诊需进行宰后检验或免疫学检查。

【检疫处理】　屠宰检疫过程中,凡检出的病尸,按《中华人民共和国动物防疫法》和有关规定进行无害化处理。

猪旋毛虫病

猪旋毛虫病是由旋毛线虫的幼虫寄生于猪的肌肉所引起的一种人兽共患的线虫病。猪吃了带有旋毛虫的鼠类或病肉屑,包囊被消化 ,幼虫逸出,停留在小肠内发育生长,经 2 昼夜即成为性成熟的肠旋毛虫,主要寄生在膈肌、舌肌、咬肌和肋间肌等处。

【活体检疫】　猪自然感染时多不显症状,仅在宰后检疫时才可发现。

【宰后检疫】 取膈肌左右角各一块,先用肉眼观察肌纤维内是否有小白点样病灶,并剪下 24 块米粒大小的肉块,并列夹在两片玻璃板中压薄后,用低倍显微镜检查,如见有带包囊的或尚未形成包囊的幼虫即可确诊。

【综合判定】 根据活体检疫不能作出判定,确诊需进行膈肌中的虫体检查或进行免疫学检验。

【检疫处理】 屠宰检疫发现本病时,立即将肉尸和内脏等销毁或进行无害化处理,对屠宰场地和一切用具等进行严格消毒。

第三节 牛病的检疫

牛 瘟

牛瘟是由牛瘟病毒引起的一种急性、烈性、败血性、高度接触性传染病,以黏膜炎性坏死变化为特征,具有很高的发病率和死亡率,发病率近 100%,死亡率可高达 90% 以上。本病潜伏期为 3～15 天,具有明显的季节性和周期性,多发生于当年的 12 月份至翌年 4 月份。牛、羊、马、鹿、猪等动物对本病均易感,病牛是主要传染源,病毒经消化道等途径侵入,主要通过直接接触传染。

【活体检疫】 病牛体温升高,精神不振,厌食,呼吸和脉搏加快。大便减少,粪干而黑。尿量减少,尿色深黄。流泪,眼结膜鲜红,眼睑肿胀。鼻黏膜充血并有出血点,口腔黏膜充血、潮红,上下唇、齿龈、软硬腭、舌、咽喉等部位形成伪膜或烂斑。高热过后严重腹泻,里急后重,粪稀如浓汤且带血,恶臭异常,内含坏死黏膜和坏死组织碎片。尿频,尿液呈黄红色或黑红色。病牛迅速脱水、消瘦和衰竭，不久后死亡。

【宰后检疫】 整个消化道有炎症和坏死变化，特别是第四胃幽门部附近最明显，可见到灰白色上皮坏死斑、伪膜、烂斑等。十二指肠黏膜充血、潮红、肿胀，有点状出血和烂斑，盲肠、直肠黏膜严重出血，集合淋巴结常发生溃疡，大肠有程度不同的出血或烂斑，覆盖灰黄色假膜，形成特征性的"斑马条纹"。胆囊显著肿大。

【综合判定】 本病可根据流行病学、活体检疫和宰后检疫情况进行判断，初步认定疑似牛瘟时，应进行酶联免疫吸附试验或病毒中和试验等进一步确诊。

本病应注意与口蹄疫、牛病毒性腹泻-黏膜病、牛传染性鼻气管炎、恶性卡他热、水疱性口炎、副结核、沙门氏菌病和砷中毒等相区别。如是小反刍动物，应注意与小反刍兽疫相区别。

【检疫处理】 预防本病必须严格执行动物防疫措施，不从有牛瘟的国家或地区引进反刍动物和鲜肉。一旦发现可疑病畜应立即上报疫情，按《中华人民共和国动物防疫法》规定，采取紧急、强制性的控制和扑灭措施，扑杀并无害化处理病畜和同群畜，彻底消毒被病畜污染的环境。受威胁区紧急接种疫苗，建立免疫带。

牛传染性胸膜肺炎

牛传染性胸膜肺炎又称牛肺疫，是由丝状支原体丝状亚种引起的一种高度接触性传染病，以肺小叶间淋巴管浆液性渗出性纤维素性炎和浆液纤维素性胸膜炎为特征。本病潜伏期2～4周，病牛和带菌牛是主要传染源，主要由健康牛与病牛直接接触传染，通过空气经呼吸道传播，年龄、性别、季节和气候等因素对易感性无影响。

【活体检疫】 病初体温升高,食欲不振,咳嗽,流鼻液,逐渐消瘦,呼吸困难而痛苦,胸壁有压痛,长时站立不愿卧倒。后期反刍停止,腹泻或便秘、腹泻交替出现,胸部皮下水肿,有的伴发关节炎,最后因窒息和衰弱而死亡,耐过者发育停滞。

【宰后检疫】 特征性病理剖检变化是纤维素性肺炎和胸膜炎,肺间质变宽,实质呈大理石样肝变和坏死,胸膜增厚,表面有纤维素性附着物,胸腔积水。

【综合判定】 根据活体检疫和宰后检疫可作出初步诊断,确诊需进行补体结合试验或酶联免疫吸附试验。

注意本病急性型应与东海岸热、急性牛出血性败血病相区别;慢性型应与包虫病、结核病相区别。

【检疫处理】 封锁疫区,扑杀病畜,全面彻底消毒。对未发病的牛接种牛肺疫兔化弱毒菌苗。屠宰时发现本病,其病尸、内脏等按照《畜禽病害肉尸无害化处理规范》(GB 16548—1996)要求进行无害化处理。

牛海绵状脑病

牛海绵状脑病俗称"疯牛病",是由病毒引起成年牛的致死性、神经性、渐进性疾病,以潜伏期长、发病突然、病程缓慢且呈进行性、感觉过敏、共济失调和脑灰、白质部发生海绵状变化为特征。本病潜伏期长达 4～5 年,流行无明显的季节性,多呈地方性散发。病牛、带毒牛和患痒病的绵羊可能是本病的传染源。有资料证明本病为水平传播,但最近研究发现本病也能垂直传播。

【活体检疫】 临诊表现各异,多数病例均有步态不稳、感觉反常、全身麻痹、体重锐减、瘙痒、烦躁不安、共济失调、最后导致死亡等症状。

【宰后检疫】　本病无肉眼可见的明显病变,组织学变化主要位于中枢神经系统,表现脑干灰质发生两侧对称性的海绵状变化,在脑干神经网中散在中等量卵圆形空泡或微小空隙。

【综合判定】　本病既无任何炎症,也无免疫应答反应。至今尚不能进行血清学诊断,且病牛的血液生化指标也无显著异常。因此,本病判定主要观察中枢神经系统灰质部的海绵状空泡变化。

【检疫处理】　防制本病,主要是扑杀病牛和病牛的后代,甚至整个牛群。加强对市场和屠宰场的肉品检验,做好内脏废弃物的处理,并全面彻底消毒。

牛传染性鼻气管炎

牛传染性鼻气管炎是由牛传染性鼻气管炎病毒Ⅰ型所致牛的急性、接触性传染病,以上呼吸道炎症为特征。本病潜伏期4～6天,病牛体温可达到40℃～42℃,多发生于寒冷季节,各种年龄和不同品种的牛均可感染。病牛和带毒牛是主要传染源,可通过接触牛鼻镜、交配和人工授精而感染。

【活体检疫】　病牛精神不振、食欲不佳、体重减轻、泌乳量减少;呼吸道感染,呼吸急促、困难、流涎,有浆液性或黏液性鼻液,有时混有血液;鼻甲骨和鼻镜充血并变成血色,俗称"红鼻子病";有的发生结膜炎和角膜炎;幼畜表现脑膜脑炎。

【宰后检疫】　呼吸道黏膜高度发炎,有浅表溃疡,覆盖有灰色、恶臭的脓性分泌物;有化脓性肺炎;皱胃黏膜发炎或形成溃疡,大、小肠可见卡他性肠炎;脑膜脑炎的病灶呈非化脓性脑炎变化。

【综合判定】 根据病史、活体检疫和宰后检疫情况可作出初步判定，确诊需进行中和试验、酶联免疫吸附试验和病原分离鉴定等。

本病注意应与牛出血性败血病和犊牛白喉相区别。

【检疫处理】 发现病牛要严格隔离，限制流动、出售，采用抗生素并配合对症治疗以减少死亡，直至最后一头病牛痊愈。

牛恶性卡他热

牛恶性卡他热是由狷羚疱疹病毒Ⅰ型引起的牛急性淋巴增生性传染病，以持续高热、上呼吸道和消化道黏膜严重炎症、变性、坏死为特征。本病一年四季均可发生，以冬季和早春发病较多。传染源是狷羚和绵羊。绵羊是自然宿主和传播媒介，不仅带毒、排毒，还可通过胎盘感染。

【活体检疫】 病畜体温升高至 $40℃\sim42℃$，精神沉郁，食欲减退；羞明，流泪，结膜发炎，角膜浑浊；鼻镜糜烂形成痂皮，鼻黏膜充血或出血，形成溃疡，被覆脓性纤维素性渗出物造成呼吸困难，呼出气有恶臭味；口腔黏膜坏死、糜烂；体表特别是头部部分淋巴结肿大。

【宰后检疫】 口腔、皱胃和小肠黏膜呈弥漫性充血，有时可见散在的点状出血、溃疡和糜烂；肠内容物呈水样，混有血液；肝脏和肾脏肿大；膀胱壁增厚，有水肿和溃疡；脑膜充血；心肌变性；脾脏和淋巴结肿大。

【综合判定】 通过流行病学、活体检疫和宰后检疫情况可作出初步判定，确诊需进行血清学检查。

本病注意应与牛瘟、口蹄疫、牛病毒性腹泻-黏膜病和蓝舌病相区别。

【检疫处理】 发现病畜后，按《中华人民共和国动物防疫法》及有关规定，采取严格控制、扑灭措施，防止扩散。病畜应隔离扑杀，污染场所和用具等应实施严格消毒。

牛白血病

牛白血病又称地方流行性牛白血病、牛淋巴瘤病等，是由牛白血病病毒引起的慢性肿瘤性疫病，以淋巴细胞恶性增生、进行性恶病质和高病死率为特征。潜伏期一般在 1 年以上或数年，病牛和隐性感染牛是主要传染源，通过牛的互相接触传播，也可经呼吸道传播，吸血昆虫以及病牛的乳汁、粪便、分泌物都是传染媒介，感染的母牛在分娩时将病毒经子宫传染给胎儿。在自然条件下主要感染牛，奶牛、黄牛、水牛均易感。

【活体检疫】 以肿瘤性淋巴细胞增生为特征。体表淋巴结肿大，呈一侧或对称性增大，触摸时不发热、无痛觉、常能滑动；贫血，可视黏膜苍白；眼球突出，精神衰弱，食欲不振，体重减轻，泌乳量下降，呼吸促迫，后躯麻痹；心动过速，心音异常。

【宰后检疫】 主要特征为全身广泛性淋巴结肿瘤，各脏器、组织形成大小不等的结节性或弥散性肉芽肿病灶；尸体消瘦、贫血；腮、肩前、股前、乳房上淋巴结和腰下淋巴结肿大；真胃、心脏、子宫常发生病变。

【综合判定】 根据活体检疫和宰后检疫情况可作出初步判定，确诊需进行琼脂凝胶免疫扩散试验和酶联免疫吸附试验等。

【检疫处理】 发现有临床症状的病牛和血清学检查阳性牛应进行扑杀处理。

牛流行热

牛流行热又称三日热或暂时热,是由牛流行热病毒引起牛的一种急性热性传染病,以突发高热、呼吸促迫、伴有消化道功能障碍和四肢关节障碍为特征。本病潜伏期一般为3~7天,有明显的季节性和周期性,夏末秋初为高发季节。病牛是主要传染源,主要由吸血昆虫叮咬而经血液传染。本病主要侵害奶牛、黄牛,水牛较少发病。在自然条件下,绵羊、山羊、骆驼、鹿均不感染。

【活体检疫】 病畜突然高热,体温达40℃以上,但皮温不整,角根、耳、肢端有冷感;眼结膜充血、水肿、畏光、流泪;鼻镜干燥,呼吸促迫;反刍停止,粪便干燥,有时腹泻;全身肌肉和四肢关节疼痛,步态僵硬,跛行,后肢麻痹。

【宰后检疫】 病变主要见于呼吸道。肺脏呈间质性肺炎,多集中在尖叶、心叶和膈叶前缘;肺实质充血、水肿,肺泡气肿;肝脏、肾脏轻度肿胀;全身淋巴结,尤其是肩前淋巴结、腘淋巴结、肝淋巴结肿大、发炎。

【综合判定】 根据活体检疫和宰后检疫情况可作出初步判定,确诊需进行血清学检查。

本病注意应与茨城病、牛传染性鼻气管炎、牛副流行性感冒、牛呼吸道合胞体病毒感染、牛鼻病毒感染相区别。

【检疫处理】 发现本病,立即隔离病牛并进行治疗。对假定健康牛和附近受威胁地区的牛群,可用疫苗或高免血清进行紧急预防接种。

牛病毒性腹泻-黏膜病

牛病毒性腹泻-黏膜病是由牛病毒性腹泻-黏膜病病毒引

起牛、羊和猪的一种接触性传染病,牛、羊以消化道黏膜糜烂、坏死和胃肠炎、腹泻为特征;猪则表现为母猪不孕、产仔数下降和流产,以及仔猪的生长迟缓和先天性震颤等。本病呈地方性流行,冬春季多发。潜伏期为 7～10 天,患病和带毒动物为主要传染源,经消化道、呼吸道感染,也可通过胎盘垂直感染,自然交配和人工授精也能感染本病。

【活体检疫】

急性型:多见于幼犊,表现高热;腹泻,粪便呈水样,有恶臭气味,含黏液或血液;流涎、流泪,口腔黏膜、鼻黏膜糜烂或溃疡,重者整个口腔坏死,口腔上皮呈煮熟样;妊娠牛可引起流产。

慢性型:较少见。病程长,病畜消瘦;呈持续或间歇性腹泻,粪便带血;鼻镜糜烂;蹄叶发炎,趾间皮肤糜烂坏死,致使病畜跛行。

【宰后检疫】 口腔、咽部、鼻镜出现不规则烂斑、溃疡;食管黏膜呈虫蚀样烂斑;流产胎儿的口腔、食管、真胃和气管内有出血斑和溃疡。

【综合判定】 根据活体检疫和宰后检疫情况可作出初步诊断,确诊需进行病原鉴定和血清学检查。

本病注意应与牛瘟、牛恶性卡他热、牛传染性鼻气管炎、口蹄疫、水疱性口炎、蓝舌病、牛丘疹性口炎、牛坏死性口炎等相区别。

【检疫处理】 发现本病应进行隔离治疗,并认真进行全面彻底消毒。

牛出血性败血病

牛出血性败血病是多杀性巴氏杆菌引起牛的一种急性传

染病,以高热、肺炎、急性肠胃炎以及内脏器官广泛出血为特征。本病潜伏期为 2～5 天,发病一般无明显的季节性,散发,有时呈地方性流行。一般不同畜禽种间不易互相感染。病畜和带菌动物是本病的传染源,可通过直接或间接接触传播,还可经消化道、呼吸道传播。

【活体检疫】 败血型病牛高热达到 41℃～42℃,继之出现全身症状,病牛腹痛、腹泻,粪便混有黏膜或血液,有恶臭,腹泻开始后体温随之下降,迅速死亡;水肿型病牛除有全身症状外,以颈部、咽喉部和胸前皮下结缔组织出现扩张性炎性水肿,同时伴发舌和周围组织的高度肿胀,舌伸出口外呈暗红色,呼吸困难,皮肤和黏膜发绀,最后往往因窒息而死亡;肺炎型病牛主要呈纤维素性胸膜肺炎症状。

【宰后检疫】 败血型表现内脏各器官充血,黏膜、浆膜、肺脏、舌、皮下组织等有出血点,肝脏和肾脏变性,淋巴结水肿,呈败血性变化;水肿型表现咽喉部或颈部皮下有浆液浸润,切开水肿部流出深黄色透明液体,间有出血,咽喉淋巴结和颈前淋巴结高度肿胀;肺炎型主要表现胸膜炎和纤维素性肺炎病变,胸腔有大量浆液性纤维素性渗出液,肺脏和胸膜上有小点出血并有纤维素薄膜,肺脏切面呈大理石花纹状,肝脏有小坏死灶,淋巴结肿大有出血点。

【综合判定】 根据流行病学特点、活体检疫和宰后检疫情况可作出初步判定,必要时可进行病原检查和血清学检查。

本病注意应与牛炭疽、气肿疽相区别。

【检疫处理】 发现本病后禁止运输和买卖,就地隔离和治疗;屠宰时发现本病后全部内脏和有病变的肉尸化制或深埋,无病变的肉尸和内脏经高温处理后方可出场。

牛结核病

牛结核病是由牛分枝杆菌所致的传染病,以在多种组织器官形成结核结节性肉芽肿和干酪样钙化的坏死病灶为特征。本病潜伏期一般为 16～45 天,有的可达数月以上。病牛是本病的主要传染源,通过呼吸道和消化道感染。

【活体检疫】 病初食欲、反刍无变化,但易疲劳,常发出短而干的咳嗽,日渐消瘦、贫血,体表淋巴结肿大,呼吸困难、气喘,心悸亢进,终因起卧无力、衰竭而死。

肺结核:有短促干咳,听诊肺区有啰音,胸膜结核时可听到磨擦音,叩诊有实音区并有痛感。

乳房结核:泌乳量渐少或停奶,乳汁稀薄,有时混有脓块。乳房淋巴结硬肿,但无热痛。

淋巴结核:不是一个独立的病型,各种结核病病区附近的淋巴结都可能发生病变。淋巴结肿大,无热痛,常见于下颌、咽颈和腹股沟等处的淋巴结。

【宰后检疫】 在肺部或其他器官常见有很多突起的白色或黄色结节,切开后有干酪样坏死;有的坏死组织溶解和软化,排出后形成空洞;胸腔或腹腔浆膜有密集的粟粒至豌豆大的半透明灰白色硬结节,故俗称"珍珠病";胃肠黏膜有大小不等的结核结节或溃疡;切开乳房可见大小不等的病灶,内含干酪样物质。

【综合判定】 根据流行病学特点、活体检疫和宰后检疫情况可作出初步判定,进一步确诊需进行结核菌素试验。

【检疫处理】 主要采取定期检疫、消毒,防止疫病传入,阳性病畜应予扑杀,并进行无害化处理。

牛焦虫病

牛焦虫病是由牛焦虫借助于不同种类的蜱（壁虱、马鹿虱等）通过吸血传播侵入牛体，寄生在红细胞内引起的一种血液寄生虫病。本病的发生有明显的地区性和季节性，通过不同种类的蜱而传播，带虫和发病的牛是本病的重要传染源。不同种类家畜的焦虫，不能互相感染发病，但在一种家畜体内可被多种焦虫侵害。

【活体检疫】 病初患牛症状不明显，当虫体在红细胞内继续发育繁殖、产生毒素、破坏大量红细胞时，病牛体温升至40℃～41℃，精神沉郁、食欲减少或废绝；便秘与腹泻交替出现，粪便中混有黏液或血液；结膜等可视黏膜显著黄染，出现大小不等的出血点；尿呈黄色，有的出现血红蛋白尿；贫血加剧，心脏功能逐渐衰弱，呼吸困难倒地不起，最后陷入昏迷而死亡。

【宰后检疫】 全身黄疸为本病的特征性病理变化；皮下组织胶样浸润；黏膜和浆膜贫血；肝脏、脾脏肿大；心脏扩大呈熟肉状；胆囊内充满浓稠胆汁；患环形泰勒焦虫病的牛淋巴结肿大。

【综合判定】 根据流行特点、活体检疫和宰后检疫情况可作出初步判定，确诊需经血液虫体检查。

【检疫处理】 病牛尸体深埋处理。屠宰时发现本病，肉尸的病变部分和有病变的脏器一律销毁；无病变的肉尸和脏器高温处理后可利用；皮张喷洒1％敌百虫溶液灭蜱后可出场。

牛锥虫病

牛锥虫病是由吸血昆虫传播引起的一种急性或慢性血液

原虫病,以突然高热、进行性消瘦、贫血、黄疸、心功能衰竭、伴发四肢水肿等为特征。本病的流行具有地方性和季节性,病牛和带虫动物是主要传染源,通过吸血昆虫机械性传播,也可经消化道传播。

【活体检疫】 病牛出现不定型间歇热,体温升高达40℃～41℃,持续1～2天或升高后立即下降,反复出现几次间歇热后,病牛精神委顿、消瘦、被毛无光泽易脱落;皮肤干燥缺乏弹性,表层不断龟裂,层层脱落,蹄匣脱落或半脱落;胸下、胸前、生殖器官和四肢下部发生水肿。

【宰后检疫】 尸体消瘦、皮下有胶样浸润;体表淋巴结肿大;血液稀薄不凝固;肝脏肿大淤血;脾脏肿大;心内膜、外膜有粟粒至黄豆大的点状出血;冠状脂肪、冠状沟和纵沟呈黄色胶样浸润;第三、第四胃黏膜有出血斑,胃黏膜有时有溃疡。

【综合判定】 可根据流行病学特点、临床症状、剖检变化和血液检查进行综合判定。

【检疫处理】 发现病牛予以隔离,及时进行药物治疗,同群健牛进行药物预防;做好杀灭吸血昆虫和防止其叮咬牛体的工作;屠宰检疫时发现病牛要销毁病变部位,其余部分高温处理后出场。

日本血吸虫病

日本血吸虫病是由日本分体吸虫引起的人兽共患寄生虫病,主要寄生于门静脉和肠系膜静脉内。本病的流行季节与中间宿主钉螺在自然界的出现和分布有密切关系。寄生有日本血吸虫的人、畜和野生动物的粪便是本病的传染源。从中间宿主钉螺体内逸出的尾蚴,可通过皮肤感染,牛还可通过口腔黏膜或胎盘感染。

【活体检疫】 病牛精神不佳,减食,离群呆立,体温升高,感染 20 天后开始腹泻,严重的粪便呈水样,带有黏液和血液,日渐消瘦,体质衰弱;胎儿感染后可发生"侏儒症"。

【宰后检疫】 肝脏表面有很多灰白色或灰黄色的虫卵结节,严重时发生肝硬化和腹水;小肠、直肠黏膜充血、肿胀并有虫卵结节;心脏、肾脏、胰脏、脾脏、胃等有时也可发现虫卵结节。

【综合判定】 根据当地流行情况、活体检疫和宰后检疫情况可作出初步判定,确诊需进行病原检查。

【检疫处理】 发现病牛予以隔离,及时进行药物治疗,必须彻底治愈后才能卖出或调运;屠宰检疫时发现本病,进行急宰,剔除病变部分化制或销毁,其胴体和内脏经高温处理后方可利用。

牛疫病鉴别检疫要点见表 6-9。

表 6-9 牛疫病鉴别检疫要点

疫病名称	相同症状	不同症状
口蹄疫	口腔黏膜有病变的急性疫病	病初体温升高,水疱形成破溃后降至常温。口腔黏膜、蹄部和乳房皮肤上出现水疱并由水疱发展成边缘整齐的烂斑
牛病毒性腹泻-黏膜病		发热、咳嗽。口、鼻黏膜有散在、不规则、小而浅的烂斑。急性病例有持续性或间歇性腹泻。慢性病例有球节红肿、蹄叶发炎、跛行
牛 瘟		发热症状很明显,口腔黏膜无水疱但有结节、假膜和溃疡,溃疡边缘不整齐。乳房和蹄部无病变
牛恶性卡他热		高热稽留,结膜发炎,角膜浑浊。口、鼻黏膜有糜烂或溃疡。口腔和蹄部无水疱
蓝舌病		高热稽留。口腔黏膜和唇、颊部黏膜有坏死溃疡,但无水疱。双唇水肿明显,有时蹄部发炎

疫病名称	相同症状	不同症状
牛炭疽	伴有水肿的急性疫病	高热,可视黏膜发绀或小点状出血。肌肉震颤,天然孔出血,血液凝固不良呈煤焦油状。脾脏肿大变软
牛出血性败血病(水肿型)		胸前和头颈部水肿,皮肤黏膜发绀,舌及周围组织高度肿胀,有时伸舌于口外,呈暗红色
牛气肿疽		臀、腰、肩、颈、上腿等肌肉丰满的部位发生气性炎性肿胀,肿胀局部皮肤干硬暗红,水肿部有捻发音,有跛行
牛恶性水肿病		阴门和创伤周围有气性炎性水肿,水肿部有捻发音
牛钩端螺旋体病	以高热、贫血、黄疸为主的疫病	病初发热有血尿。镜检血液中有钩端螺旋体。脾脏不肿大。皮肤坏死
牛泰勒虫病		眼结膜有出血点。肩前淋巴结显著肿大。皮肤有出血点,无血红蛋白尿。镜检淋巴液有"石榴体"。真胃黏膜有出血斑和溃疡斑,肝脏、脾脏肿大
牛梨形虫病		有血红蛋白尿,呈棕红色至黑红色。肩前淋巴结不肿大。真胃黏膜有小点状出血,脾脏、肝脏肿大。尸僵明显,血凝不全
牛结核病	以肺部症状为主的疫病	牛结核菌素变态反应呈阳性。其病程较牛传染性胸膜肺炎、牛巴氏杆菌病长。咳嗽时常有分泌物咳出,体温呈弛张热或正常。体表淋巴结肿大而固定。病料涂片抗酸性染色镜检可见牛结核分枝杆菌。肺脏、淋巴结、浆膜上,有时也于乳房或其他组织器官中发现结核结节或干酪样坏死灶。肺脏无大理石样变性

疫病名称	相同症状	不同症状
牛传染性胸膜肺炎	以肺部症状为主的疫病	牛结核菌素变态反应阴性。肺脏呈大理石样肝变,色彩明显不同,间质增宽,其中淋巴管显著扩张,有淋巴液充盈。涂片镜检可见革兰氏阳性微小多形的丝状霉形体
牛肺炎型巴氏杆菌病		比牛传染性胸膜肺炎、牛结核病的病程都短且发展快,体温高。喉头和颈部炎性水肿。肺脏呈大理石样肝变,色彩较一致,有不洁感,肺间质变化轻,但全身出血性败血症变化明显。涂片镜检可见革兰氏阴性两极着色的巴氏杆菌
牛运输热		病原是副流感Ⅲ型病毒,巴氏杆菌病等为继发病。是一种急性接触性传染病。主要特征为肺部症状和病变。发生在规模饲养或运输之后,病牛表现高热、流鼻液、流泪、脓性结膜炎、咳嗽、呼吸困难、流泡沫样口涎。剖检可见肺泡充满纤维素而硬实臌胀,有红灰色肝变,小叶间组织水肿增宽,胸腔有纤维素附着
犊牛副伤寒	犊牛的主要疫病	多发生于10~30日龄的犊牛,高热,腹泻,粪便呈灰黄色。有出血性素质。脾脏肿大,肺脏有坏死病灶
犊牛大肠杆菌病		多发生于数日至10日龄犊牛,体温正常或稍低,严重腹泻,粪便先为浅黄色粥状,后变为灰白色水样,混有泡沫和血丝
犊牛肺线虫病		发生于4~8月龄犊牛,可视黏膜发绀。头、颈、胸和四肢有水肿。气管内有线虫,咳嗽
犊牛球虫病		发生于1月龄以上犊牛,以半岁至2岁内多发。持续性腹泻,粪便恶臭,混有黏液和血液。直肠有出血性肠炎和溃疡。镜检粪便和直肠刮取物,可见大量球虫卵囊

第四节　羊病的检疫

蓝 舌 病

蓝舌病是由蓝舌病病毒引起的反刍动物的一种病毒性传染病，以高热，口腔、鼻腔和胃肠道黏膜发生水肿、溃疡性炎症变化为特征。本病潜伏期 3～8 天，一般发生于 5～10 月份。绵羊不分品种、年龄和性别均易感。病羊和愈后 4 个月内的带毒羊是传染源，在疫区的隐性感染羊也带毒。通过库蠓和伊蚊叮咬传播。

【活体检疫】　病初体温升高达 40℃～42℃，病羊表现精神委顿、厌食、流涎，上唇水肿，可蔓延至面部和耳部。口腔黏膜和舌充血后呈蓝色，继而口腔黏膜上皮坏死、溃烂，致使吞咽困难。鼻腔流出黏脓性分泌物，干后成痂，引起呼吸困难和鼾声。有的蹄冠和蹄叶发炎，蹄热而痛，呈跛行或卧地不动。病羊消瘦、衰弱，有的便秘或腹泻，有时粪便带血。

【宰后检疫】　齿龈、硬腭、颊黏膜和唇水肿，瘤胃和食管沟常呈黑红色，表面有空泡变性和坏死。淋巴结轻度发炎水肿。心包积液，心肌、心内外膜、呼吸道和泌尿道黏膜有小点状出血。真皮充血、出血和水肿。肌纤维变性，皮下组织广泛充血并有胶冻样浸润。剪去蹄、腕和跗趾间的被毛，在皮肤上可见到发红区，蹄冠出现红点或红线。

【综合判定】　根据流行病学特点、活体检疫和宰后检疫情况可作出初步判定，确诊需进行病原鉴定、琼脂凝胶免疫扩散试验、酶联免疫吸附试验等。

本病应注意与羊传染性脓疱病、绵羊痘、口蹄疫、牛病毒性腹泻-黏膜病、牛恶性卡他热、茨城病、赤羽病等相区别。

【检疫处理】 发现本病后应立即上报封锁,并采取扑灭措施,扑杀所有感染动物,疫区和受威胁区动物进行紧急免疫接种。

小反刍兽疫

小反刍兽疫(小反刍兽伪牛瘟)是由小反刍兽疫病毒引起的一种急性接触性传染病,以口腔、舌黏膜糜烂以及流泪、流鼻液为特征。潜伏期为 4～5 天,全年均可发生,通常以雨季和干冷季节多发。主要传染源是患病动物和隐性感染动物,病畜的分泌物和排泄物均含有病毒。通过直接接触,由鼻、口等途径进入动物体而传播。

【活体检疫】 病羊发热、精神沉郁、不食,眼、鼻分泌黏液脓性分泌物,口腔黏膜出现溃疡。腹泻、咳嗽。口腔和鼻孔周围以及下颌部发生结节和脓疱是亚急性晚期的特有症状。

【宰后检疫】 呼吸道黏膜坏死和增厚,咽喉和食管有条状糜烂。淋巴滤泡处充血并有淤血带。结肠和直肠皱襞充血。肺尖叶或心叶末端可见肺炎灶或支气管肺炎灶。脾脏轻度肿大,淋巴结水肿。

【综合判定】 根据流行病学特点、活体检疫和宰后检疫情况可作出初步判定,确诊需进行病毒中和试验、酶联免疫吸附试验等。

本病应注意与牛瘟、蓝舌病、口蹄疫相区别。

【检疫处理】 一旦发生本病,应按照《中华人民共和国动物防疫法》规定,采取紧急、强制性的控制和扑灭措施,扑杀患病动物和同群动物。彻底消毒被病畜污染的环境。疫区和受威胁区的动物进行紧急预防接种。

山羊关节炎脑炎

山羊关节炎脑炎是由山羊关节炎脑炎病毒引起的一种传染病,成年羊以慢性多发性关节炎、间或伴发间质性肺炎或间质性乳房炎为特征,羔羊以脑脊髓炎为特征。本病易感性无年龄、性别和品种的差异,呈地方性流行。病山羊是主要传染源,经消化道传播是主要传播方式,同病羊直接接触也可传播。

【活体检疫】 脑脊髓炎型潜伏期 53～151 天,多发于 2～4 月龄羔羊,病羊精神沉郁、跛行,进而四肢僵直或共济失调;关节炎型主要表现腕关节、跗关节、膝关节等患病关节疼痛、肿大,行动困难,后期跪行、伏卧不动或因韧带和腱的断裂而长期躺卧;间质性肺炎型较少见,其发生无年龄差异,呈进行性消瘦、咳嗽、呼吸困难。

【宰后检疫】 小脑和脊髓的白质有一棕红色病灶;肺脏轻度肿大,质地硬,呈灰白色,表面散在灰白色小点,切面有大叶性或斑块状实区;支气管淋巴结和纵隔淋巴结肿大,支气管空虚或充满浆液和黏液;关节周围软组织肿胀波动,皮下浆液渗出;发生乳腺炎;肾脏少数有灰白色小点。

【综合判定】 根据活体检疫和宰后检疫情况可作出初步判定,确诊需进行琼脂凝胶免疫扩散试验和酶联免疫吸附试验等。

【检疫处理】 对患病动物应按照《中华人民共和国动物防疫法》及有关规定处理,扑杀病畜。

梅迪维斯纳病

梅迪维斯纳病是由梅迪维斯纳病毒引起的成年绵羊的一种慢性接触性传染病,以病程缓慢、进行性消瘦和呼吸困难,以及中枢神经系统、肺脏和流向这些组织的淋巴结的单核细胞浸润为特征。本病多呈散发，病羊和带毒羊是主要传染源，通过呼吸道等多种途径传播。

【活体检疫】　本病在临床上有 2 种类型：梅迪病（呼吸型）又称进行性肺炎，患病早期出现体重减轻和掉群，行动时呼吸浅且快速，病重时出现呼吸困难和干咳，最终因肺功能衰竭而死亡；维斯纳病（神经型）多发生于 2 岁以上的绵羊，病初体重减轻，经常掉群，后肢步态异常，随病情加重出现偏瘫或完全麻痹。

【宰后检疫】　梅迪病出现肺脏各叶之间以及肺脏和胸腔有时发生粘连，肺脏增大，呈淡灰黄色或暗红色，触感似橡皮样，切面干燥，支气管淋巴结肿大，切面间质发白；维斯纳病病程长的可见后肢肌肉萎缩，少数有脑膜充血，白质切面有黄色小斑点。

【综合判定】　根据流行病学特点、活体检疫和宰后检疫情况可作出初步诊断，确诊必须依靠病原鉴定和血清学检查。

【检疫处理】　原则上与山羊关节炎脑炎相同。

痒　病

痒病是由朊病毒羊痒病因子引起的一种绵羊和山羊的传染病，以潜伏期很长、剧痒、中枢神经系统变性、共济失调和病死率高为特征。本病潜伏期为 1～5 年，一般呈散发。病羊和带毒羊是本病的传染源，主要通过接触传播。不同品种和性别的羊均可感染，人也可感染。

【活体检疫】　初期可见病羊易惊、不安和凝视、战栗，有时表现癫痫状发作。发展期出现瘙痒，病羊啃咬腹部和股部，或在固定物体（如墙角、树干）上磨擦患部。不能跳跃，时常反复跌倒,体温正常。照常采食,但日渐消瘦。

【宰后检疫】 内脏器官不见明显病理变化。组织学变化主要是在脑干(延髓、脑桥、大脑脚)和脊髓的灰质。其特征是变性而无炎症和脱髓鞘。可见星状胶质细胞异常肥大和增生,小脑皮质、延髓、脑桥、中脑、间脑和纹状体等部位具有大量神经元的脑浆中形成空泡,量多较大,形状较一致,少数神经元坏死。

【综合判定】 根据活体检疫、宰后检疫情况和脑组织切片观察的病理变化,可作出判定,但对新疫区或新发病羊群进行初次定性检疫时应进行病理学检验。

本病应注意与螨病、虱病以及梅迪维斯纳病相区别,前两病的病原为螨和虱,梅迪维斯纳病不出现瘙痒。

【检疫处理】 一旦发现病羊或疑似病羊,应迅速采取措施,立即扑杀全群,尸体焚烧处理。

羊 痘

羊痘是由山羊痘病毒引起的一种绵羊和山羊的热性接触性传染病,以全身皮肤、有时也在黏膜上出现典型痘疹为特征。本病潜伏期 6～8 天,主要流行于冬末春初。不同品种、性别和年龄的羊均可感染,病羊是主要传染源,主要经呼吸道感染,也可通过损伤的皮肤或黏膜侵入机体。在自然条件下,绵羊痘主要感染绵羊,山羊痘则可感染山羊和绵羊。

【活体检疫】 病羊体温升高至 41℃～42℃,食欲减退,精神不振,结膜潮红,有浆液性、黏液性或脓性分泌物由鼻腔流出,呼吸和脉搏增速。1～4 天内开始发痘,期间病羊全身症状严重,逐渐消瘦,被毛容易脱落。皮肤无毛处和被毛少的部位发生痘疹,丘疹迅速发展形成水疱,然后化脓,发出恶臭气味。在发痘过程中,如没有其他病菌感染,脓疱破溃后逐渐干燥,形成痂皮,即为结痂期,痂皮脱落后痊愈。

【宰后检疫】 在呼吸道和消化道黏膜上见有出血性炎症。特征性病变是在咽喉、气管、肺脏、第四胃等部位出现痘疹。组织学检查可见真皮明显充血、浆液性水肿和细胞浸润等,水疱期病变可见浆液性渗出液中混有白细胞和崩解的核颗粒。肺脏上有灰白色圆形隆起的结节,肝脏和肾脏也可能有类似病变。

【综合判定】 根据活体检疫和宰后检疫情况可作出判定。必要时可通过实验室检验进行确诊。

【检疫处理】 对检出患羊痘的病羊进行扑杀处理。对同群羊或受威胁的羊群,可用羊痘鸡胚化弱毒疫苗进行紧急接种。病死尸体应深埋或销毁。屠宰时发现本病,胴体和内脏作工业用或销毁。

羊传染性脓疱皮炎

羊传染性脓疱皮炎俗称"羊口疮",是绵羊和山羊的一种病毒性接触性传染病,其特征为在唇、舌、鼻、乳房等部位形成丘疹、水疱、脓疱和痂皮,潜伏期一般为 3～8 天。以 3～6 月龄羔羊发病最多,并常为群发性流行。成年羊同样有易感性,但较少发病,呈散发性传染。人和猫也可感染,而其他动物无论自然或人工感染均不易感。自然感染主要是由于购入病羊或带毒羊而传染健康羊群,或是通过将健羊置于曾由病羊用过的圈舍或污染的牧场而间接传播。主要是通过损伤的皮肤、黏膜而感染本病。本病多发生于气候干燥的秋季,无性别和品种的差异。由于病毒的抵抗力较强,本病常可在羊群中连续危害多年。

【活体检疫】 临床上可分为唇型、蹄型和外阴型 3 种类型，偶见有混合型。

唇型：这是一种最常见的病型。病羊首先在口角或上唇，有时在鼻镜上发生散在的小红斑，逐渐变为丘疹或小结节，继而形成水疱或脓疱，破溃后结成黄色或棕色的疣状硬痂。若为良性，硬痂逐渐扩大、加厚、干燥，1～2 周内脱落而恢复正常。严重病例，患部继续发生丘疹、水疱、脓疱、痂垢，并相互融合，波及整个口唇周围和眼睑、耳郭等部位，形成大面积的痂垢，痂垢下伴有肉芽组织增生，整个嘴唇肿大外翻呈桑葚状隆起。唇部肿大影响采食，病羊日趋衰弱而死亡。有些病例病变常蔓延到口腔黏膜，可见黏膜潮红，唇内面、齿龈、颊部、舌和软颚黏膜发生水疱或脓疱，破溃后形成红色糜烂面。病程可长达 2～3 周。母羊常因哺乳病羔而引起乳头皮肤感染，也可能在唇部皮肤同样患病。

蹄型：仅侵害绵羊，多单独发生，偶有混合型。多为一肢患病，但也可能同时或相继侵害多数甚至全部蹄端。常在蹄叉、蹄冠或系部皮肤上形成水疱，后变为脓疱，破溃后形成由脓液覆盖的溃疡。若有继发感染，则化脓坏死变化可能波及基部或蹄骨，甚至腱和关节。

外阴型：此型少见。表现为黏性和脓性分泌物，在肿胀的阴唇和附近的皮肤有溃疡；乳房和乳头的皮肤上发生脓疱、烂斑和痂垢；在公羊表现为阴茎鞘肿胀，阴茎鞘皮肤和阴茎上发生小脓疱和溃疡。单纯的外阴型很少引起死亡。

【宰后检疫】 在唇部皮肤、蹄叉、蹄冠或系部皮肤以及阴部附近皮肤和黏膜上有丘疹、水疱、脓疱、溃疡和疣状厚痂。

【综合判定】 根据活体检疫和宰后检疫情况可作出初步判断，确诊本病常采用病原检查和血清学检查。

【检疫处理】 发生本病时,对病羊进行隔离治疗或淘汰处理。对污染的环境,特别是圈舍、管理用具、病羊体表和患部,要进行严格的消毒。

羊传染性眼炎

羊传染性眼炎又称传染性角膜炎或红眼病,是绵羊和山羊的一种急性传染病。以流泪、眼结膜和角膜炎症为特征。本病可由衣原体、结膜支原体、立克次氏体、奈氏球菌、李氏杆菌和病毒等多种病原引起,但主要由衣原体所致。不同年龄、性别的绵羊和山羊均易感,牛和骆驼也可感染。病畜是本病的传染源。通过直接接触传染,蝇类和飞蛾可机械传播本病。被病畜的泪和鼻分泌物污染的饲料可能散播本病。本病多呈地方性流行,以炎热、潮湿的夏季多发,一旦发病,传播迅速。刮风、尘土等因素也可促进本病传播。

【活体检疫和宰后检疫】 病羊起初一侧眼患病,后为双眼感染。患眼羞明、流泪,眼睑肿胀、疼痛,结膜和瞬膜红肿,角膜发生不同程度的浑浊、溃疡或穿孔,形成角膜瘢痕或角膜翳。由衣原体引起的传染性眼炎,在瞬膜和眼睑结膜上形成淋巴滤泡。病羊一般无全身症状,很少有发热现象,但眼球化脓时往往伴有体温升高、食欲减退、精神沉郁和泌乳量减少等症状。

【综合判定】 根据流行特点和特征性症状即可确诊。

【检疫处理】 在牧区流行时,应划定疫区,禁止牛、羊出入流动,患羊应立即隔离,尽早治疗。

绵羊疥癣

本病是由各种螨引起的一种高度传染性慢性寄生虫性皮肤病,以剧痒、湿疹性皮炎、脱毛、患部逐渐向周围扩散为特征。传染源为患病动物与外界活螨,主要由健康畜与病畜直接接触或通过与被螨及其卵污染的圈舍、用具等接触引起感染。另外,也可由饲养人员或兽医人员的衣服和手传播病原。本病主要发生于冬季和秋末春初。

【活体检疫和宰后检疫】 病羊发生剧痒,病势越重,痒觉越剧烈。感染初期局部皮肤上出现小结节,继而发生小水疱,有痒感,尤以在夜间温暖圈舍中更为明显,以致磨擦和啃咬患部。局部脱毛,皮肤损伤破溃,流出淋巴液,形成痂皮,皮肤变厚,出现皱褶、龟裂,病区逐渐扩大。

【综合判定】 根据活体检疫和宰后检疫情况可作出初步判定,确诊需进行虫体检查。

【检疫处理】 发现病羊及时隔离治疗。屠宰时发现本病,切除皮肤病变部分,肉尸和内脏无限制出场。皮张消毒灭螨后方可出场。

羊疫病鉴别检疫要点见表 6-10。

表 6-10　羊疫病鉴别检疫要点

疫病名称	相同症状	不同症状
羊巴氏杆菌病	以肺部症状为主的疫病	高热、咳嗽、呼吸困难,颌下、颈、胸部皮下水肿,伴有腹泻
山羊传染性胸膜肺炎		高热,剧烈咳嗽,呼吸高度困难。肺脏肝变区间有坏死灶
羊肺线虫病		卡他性支气管肺炎。粪便中的幼虫含有颗粒体,头端有扣状突出物。在支气管中有线样的肺线虫寄生
羊小型肺线虫病		卡他性支气管肺炎或胸膜炎。粪便中的幼虫呈玻璃样透明。肺脏中有细如绒毛样的小型肺线虫
羊进行性肺炎		渐进性呼吸困难,体温正常,病程很长,病死率很高

疫病名称	相同症状	不同症状
羊炭疽	以猝狙症状为主的疫病	血凝不良,脾脏肿大。天然孔流出血丝样泡沫。体温升高
羊快疫		天然孔流出血丝样泡沫。真胃有显著的弥漫性或斑块状出血,前胃黏膜自溶脱落。体温升高
羊肠毒血症		肾脏软化如泥,小肠严重出血。体温正常。多发生于 1 岁羊
羊猝疽		小肠黏膜溃疡,有腹膜炎。死后 8 小时骨骼肌有出血、气肿。体温正常。发生于 1 岁羊
羊黑疫		肝脏有明显的凝固性坏死病灶,皮肤呈灰黑色
羊链球菌病		各脏器普遍出血,下颌淋巴结肿大出血,胆囊肿大,咽喉肿大
羔羊大肠杆菌病	以腹泻症状为主的羔羊疫病	发生于 4~20 日龄的羔羊,病初排黄色稀便,继而呈浅黄色黏液状,甚至乳白色稀便,以后发生水样腹泻,迅速脱水、昏迷。小肠黏膜有卡他性炎症。病料涂片染色镜检可见大量的大肠杆菌
羔羊痢疾		发生于 4~20 日龄羔羊,迅速发生血性下痢。腹痛明显,病羔呻吟。小肠黏膜严重出血,有溃疡。镜检可见魏氏梭菌
羔羊副伤寒		发生于 4 日龄内的羔羊。先腹泻,继而出现血性下痢。病羔磨牙、鸣叫。肠道严重充血出血。镜检见有沙门氏菌
轮状病毒腹泻		发生于 4 日龄内的羔羊,病初排黄色、浅黄色、草绿色带黏液的稀便,继而出现水样腹泻,迅速脱水。有肠卡他性炎症。其他症状不明显,死亡率低

疫病名称	相同症状	不同症状
羔羊球虫病	以腹泻症状为主的羔羊疫病	发生于 30～45 日龄的羔羊,呈血性下痢,粪便稀臭。小肠黏膜有卡他性出血性炎症,黏膜上有灰白色如粟粒至豌豆大的小结节。镜检肠黏膜刮取物和结节病灶内容物,可见球虫
羔羊莫尼茨绦虫病		患羔腹泻,其中可见绦虫节结片。小肠黏膜呈卡他性炎症

第五节　马病的检疫

非洲马瘟

非洲马瘟是由非洲马瘟病毒引起马属动物的一种以发热、皮下水肿和部分脏器出血为特征的急性、亚急性传染病,我国尚无本病发生。本病的传染源是病马、带毒马及其血液、内脏、精液、尿液、分泌物和所有脱落组织,主要通过媒介昆虫如库蠓属吸血昆虫传播。本病潜伏期 7～14 天,有明显的季节性和地域性,多见于温热潮湿季节,常呈地方性流行或暴发流行,传播迅速。

【活体检疫】　临床上分为肺型、心型、肺心型、发热型和神经型。体温突然升高,精神极度沉郁,厌食,心跳加快,呼吸困难。结膜呈黄红色或有污秽的红色,羞明流泪。随着水肿的发展,呼吸更为困难,头颈伸直,张口伸舌,鼻孔开张。

【宰后检疫】　死亡病例剖检变化主要是肺水肿和心肌损害。心脏和肺脏有黄色的胶样水肿,肝脏轻度肿胀,肾脏皮质充血,淋巴结急性肿胀。

【综合判定】 根据流行病学特点、活体检疫和宰后检疫情况可作出初步判定，确诊需进行补体结合试验、酶联免疫吸附试验或病毒中和试验等。

本病应注意与炭疽、马传染性贫血、马病毒性动脉炎、锥虫病、焦虫病、钩端螺旋体病相区别。

【检疫处理】 严禁从有非洲马瘟的国家或地区输入易感动物，一经发现此病立即封锁、上报，扑杀病马和同群马，尸体进行无害化销毁处理。

马传染性贫血

马传染性贫血是由马传染性贫血病毒引起的马属动物的一种传染病，临床特征以发热为主，并有贫血、出血、黄疸、心脏功能紊乱、水肿和消瘦等症状。本病发病无严格的季节性，但多发于夏秋季节，马属动物易感，病马和带毒马是传染源，通过吸血昆虫叮咬而传染，也可经消化道、呼吸道、自然交配和胎盘传染。

【活体检疫】 病马体温升高至 40℃ 以上，可视黏膜潮红，随病情加重，表现为苍白或黄染，眼结膜、口腔、舌底面、鼻腔、阴道黏膜等处，常见出血点；心搏亢进，节律不齐，心音混浊或分裂；四肢下端、胸前、腹下、阴囊等处出现水肿。

【宰后检疫】 急性型全身呈败血症变化，浆膜、黏膜、淋巴结和实质脏器有弥漫性出血点；脾脏急性肿大，切面呈颗粒状；肝脏肿大，切面形成豆蔻状或槟榔状花纹，俗称"豆蔻肝"或"槟榔肝"。亚急性型和慢性型以贫血、黄染和网状内皮增生为主，全身败血症变化较轻。

【综合判定】 根据活体检疫和宰后检疫情况可作出初步判定，确诊需进行补体结合试验和琼脂扩散试验。

【检疫处理】 发现病马立即上报疫情，严格隔离，扑杀病马，尸体等一律深埋或焚烧。污染场地、用具等严格消毒，粪便、垫料等应堆积发酵消毒。

马 鼻 疽

马鼻疽是由鼻疽伯氏菌引起的一种人兽共患病，以在鼻腔、喉头、气管黏膜或皮肤上形成特异性鼻疽结节、溃疡或斑痕，在肺脏、淋巴结或其他实质器官发生鼻疽结节为特征。本病一年四季均可发生，鼻疽病马是主要传染源，通过消化道传染，人主要是经过受伤皮肤、黏膜感染。

【活体检疫】 病马体温升高至 $39℃\sim41℃$，呈弛张热型，呼吸促迫，颌下淋巴结肿痛，表面凹凸不平，可视黏膜潮红。当肺部出现大量病变时，称肺鼻疽，肺部可听到干性或湿性啰音；鼻腔鼻疽表现鼻黏膜红肿，出现粟粒大小的黄色小结节，流灰黄脓性或带血鼻涕；皮肤鼻疽多见四肢、胸侧、腹下等处热性肿痛，继而形成结节，软化破溃后形成溃疡，排灰黄色或混有血液的脓液，病灶附近淋巴结呈索状肿胀，由于病灶扩大蔓延、淋巴管肿胀和皮下组织增生，导致皮肤高度肥厚，使后肢变粗变大，俗称"橡皮腿"；隐性感染的马多呈慢性鼻疽，有的不表现临床症状。

【宰后检疫】 肺脏主要呈鼻疽结节和鼻疽性肺炎的病理变化，其次是鼻腔、皮肤淋巴结、肝脏和脾脏等可见到鼻疽结节、溃疡或瘢痕。

【综合判定】 根据活体检疫和宰后检疫情况可作出初步判定，确诊需结合细菌学、变态反应学、血清学与流行病学进行综合判定。在国际贸易中，指定诊断方法是马来因（Mallein）试验和补体结合试验，无替代诊断方法。

【检疫处理】 我国已接近消灭此病,因此对开放性病马或检疫呈阳性的马,应采取扑杀销毁措施。

马 腺 疫

马腺疫是由马链球菌马亚种引起马属动物的一种急性接触性传染病,以发热、上呼吸道黏膜发炎、颌下淋巴结化脓为特征。本病只侵害马属动物,马最易感,其次是骡、驴。潜伏期为1~8天,传染源为病马和带菌马,主要经消化道和呼吸道感染,也可通过创伤和自然交配感染。

【活体检疫】 临床上常见有一过型腺疫、典型腺疫和恶性腺疫3种病型。

一过型腺疫:鼻黏膜有卡他性炎症,流浆液性或黏液性鼻液,体温升高,颌下淋巴结轻度肿胀,多见于流行后期。

典型腺疫:以发热、鼻黏膜急性卡他性炎症和颌下淋巴结急性炎性肿胀、化脓为特征。病马体温突然升高(39℃~41℃),鼻黏膜潮红、干燥、发热,流水样浆液性鼻液,后变为黄白色脓性鼻液。颌下淋巴结急性炎性肿胀,起初较硬,触之有热痛感,之后化脓变软,破溃后流出大量黄白色黏稠脓液。病程2~3周,愈后一般良好。

恶性腺疫:以喉性卡他、额窦性卡他、咽部淋巴结化脓、颈部淋巴结化脓、纵隔淋巴结化脓、肠系膜淋巴结化脓为特征。多数是转移性腺疫,病原菌由颌下淋巴结的化脓性病灶经淋巴管或血液转移到其他淋巴结和内脏器官,造成全身性脓毒败血症而死亡。

【宰后检疫】　鼻、咽黏膜有出血斑点和黏液性分泌物。颌下淋巴结显著肿大和炎性充血,后期形成核桃至拳头大的脓肿。有时可见到化脓性心包炎、胸膜炎、腹膜炎以及在肝脏、肾脏、脾脏、脑、脊髓、乳房、睾丸、骨骼肌和心肌等有大小不等的化脓灶和出血点。

【综合判定】　根据活体检疫和宰后检疫情况可作出初步判断,确诊需以脓汁涂片染色镜检病原菌。

【检疫处理】　发现本病,病马隔离治疗。对污染的圈舍、运动场和用具等进行彻底消毒。

马流行性感冒

马流行性感冒是由马流行性感冒病毒引起的急性、高度接触性传染病,以发热、咳嗽、流浆液性鼻液为特征。本病潜伏期一般为1～3天,病马是主要传染源,康复马和隐性感染马在一定时间内也能带毒、排毒。主要经呼吸道和消化道感染,常呈暴发性流行,发病率高而死亡率低。

【活体检疫】　病马表现发热,咳嗽,流水样灰白色黏液样或黄白色脓样鼻液。

【宰后检疫】　病变以上呼吸道黏膜卡他性、充血性炎症变化为主。致死性病例可见化脓性支气管肺炎、间质性肺炎以及胸膜炎病变,肠有卡他性出血性炎症,心包和胸腔积液,心肌变性,肝脏、肾脏肿大变性。

【综合判定】　根据活体检疫和宰后检疫情况可作出初步判定,确诊需进行病毒分离鉴定和血清学检查。

本病注意应与传染性鼻肺炎、病毒性动脉炎、马传染性支气管炎相区别。

【检疫处理】 发现本病后严格隔离病马，及时治疗并对同群健康马进行药物预防。

马属动物疫病鉴别检疫要点见表6-11。

表6-11 马属动物疫病鉴别检疫要点

疫病名称	相同症状	不同症状
马炭疽	有水肿症状的急性热性疫病	高热，呼吸困难，剧烈腹痛，粪中带血，体表局部肿胀无捻发音。天然孔出血，血凝不良
马巴氏杆菌病		高热，脉微弱，口腔黏膜苍白或黄染，体表、胸前和头颈部肿胀无捻发音。天然孔不出血，血液凝固
恶性水肿病		高热，创伤部（深部）有捻发音
马传染性贫血	以高热、贫血、黄疸症状为主的疫病	多发生于夏秋季节（7～9月份）。结膜苍白、黄染并有出血点。急性型高热稽留，症状明显。亚急性型和慢性型呈间歇热，症状较轻。血中有吞铁细胞而无寄生虫
马钩端螺旋体病		6～10月份的雨季多发。多数无明显症状，少数有发热、贫血、黄疸、出血和肾炎等症状，后期出现周期性眼炎。尿液和血液中有钩端螺旋体
马伊氏锥虫病		贫血较黄疸明显，病势发展迅速，急性型呈稽留热和弛张热，慢性型呈间歇热，体表常有水肿。后期有时出现神经症状。血液中有锥虫
马梨形虫病		有2种病原体，即驽巴贝西虫和马巴贝西虫。前者发生于3～5月份，后者发生于6～7月份。急性者病势发展很快，整个病期一直高热稽留，黄疸明显，红细胞内有梨形虫

疫病名称	相同症状	不同症状
马鼻疽	体表有结节、溃疡或淋巴结肿胀的疫病	多为慢性型,有肺部症状。鼻液呈黏液性或脓性,有时带血,鼻腔有鼻疽结节、溃疡和瘢痕。颌下淋巴结固着肿胀,无热痛感,不化脓。皮肤溃疡呈火山口状
马腺疫		多发生于幼驹。全身症状明显,多为急性型,良性经过。流浆液性、黏液性和脓性鼻液,鼻腔无结节和溃疡。颌下淋巴结呈急性炎症症状,有热痛感、能移动、化脓
马流行性淋巴管炎		多为慢性型。体表溃疡呈蘑菇状。全身感染病例鼻流少量黏液性鼻液,鼻腔少见结节,颌下淋巴结通常有肿大

第六节 禽病的检疫

高致病性禽流感

高致病性禽流感是由 A 型禽流感病毒的某些高致病力亚型引起的一种急性、高度致死性传染病,以急性败血性坏死或无症状带毒等多种病症为特点。本病病原有 15 种特异的 HA 亚型(分别以 $H_1 \sim H_{15}$ 命名)和 9 种特异的 NA 亚型(分别以 $N_1 \sim N_9$ 命名),潜伏期一般为 $3 \sim 5$ 天,一年四季均可发生,但在冬季和春季多发。鸡和火鸡易感性最高,病禽是主要传染源,野生水禽是自然界的主要带毒者,一般认为是带毒的候鸟造成世界性传播。传播途径主要经消化道传播,也可通过伤口、呼吸道、眼结膜传染，但也不能完全排除垂直传播的可能性。

【活体检疫】 依感染禽类的品种、年龄、性别、并发感染程度、病毒毒力和环境因素等而异，可表现呼吸道、消化道、生殖系统、神经系统异常等其中一组或多组症状。如体温急剧上升，精神沉郁，拒食，病鸡很快陷入昏睡状态。眼睑、头部水肿，肉冠和肉髯出血、发绀、坏死，脚鳞出现紫色出血斑。神经紊乱，排黄白色、黄绿色或绿色粪便，羽毛蓬松，产蛋率下降。通常表现高发病率和低死亡率，但在高致病力毒株感染时，发病率和死亡率均可达到 100%。

【宰后检疫】 在鸡和火鸡病例中，轻微病变可见于鼻窦中，特点是卡他性、纤维素性、浆液纤维素性、黏液脓性或干酪性炎症。高致病力毒株引起充血、出血和渐进性坏死等病变。急性死亡的鸡心包积水，心外膜有出血点或有纹状坏死，心肌软化。腺胃乳头出血，脾脏、肝脏肿大出血，有时毛细血管破裂出现血肿。肾脏肿大，法氏囊水肿呈黄色。卵泡畸形、萎缩。

【综合判定】 根据活体检疫和宰后检疫情况可作出初步判定，确诊需到指定的实验室定性、定型。

本病应注意与鸡新城疫、鸡支原体病、鸟疫和其他呼吸道疾病相区别。

【检疫处理】 发现疑似本病，应立即上报，一旦确诊，按《中华人民共和国动物防疫法》规定，采取紧急、强制性的控制和扑灭措施。划定疫点、疫区和受威胁区，扑杀疫区内所有禽类，并进行无害化处理。禽舍、饲养管理用具等进行严格消毒，污水、污物、粪便进行无害化处理，对受威胁区的所有禽类实施紧急免疫接种。

鸡新城疫

鸡新城疫是由新城疫病毒引起的一种急性、热性、败血性和高度接触性传染病,其特征是呼吸困难、腹泻、黏膜和浆膜出血,病程稍长的伴有神经紊乱症状,具有很高的发病率和死亡率。本病潜伏期 2～14 天,一年四季均可发生,但以春秋季较多发。病鸡和流行间歇期的带毒鸡是本病的传染源。本病的传播是通过病鸡与健康鸡直接接触,自然感染下主要通过呼吸道和消化道感染。

【活体检疫】 病鸡体温升高至 43℃～44℃,食欲减退,精神委顿,不愿走动,咳嗽、呼吸困难,有黏液性鼻漏,发出"咯咯"的喘鸣声或突然发出怪叫声。嗉囊中积有液体内容物,倒提病鸡时常从口角流出酸臭的暗灰色液体。粪便稀薄,呈黄绿色或黄白色。

【宰后检疫】 主要病变是全身黏膜和浆膜出血,淋巴系统肿胀、出血和坏死,以消化道和呼吸道为明显。嗉囊充满酸臭味的稀薄液体和气体。腺胃黏膜水肿,其乳头或乳头间有鲜明的出血点,或有溃疡和坏死。肌胃角质层下也常见有出血点。盲肠扁桃体常见肿大、出血或坏死。

【综合判定】 根据流行病学特点、活体检疫和宰后检疫情况可作出初步判定,确诊需进行病原学和血清学检查。

本病应注意与禽流感、鸡传染性喉气管炎、传染性支气管炎、禽霍乱相区别。

【检疫处理】 发生本病时,应按《中华人民共和国动物防疫法》及其有关规定处理,扑杀病鸡和同群鸡,焚烧尸体并深埋,污染物要进行无害化处理,对污染的用具、物品和环境要彻底消毒。对疫区、受威胁区的健康鸡紧急预防接种疫苗。

鸡传染性喉气管炎

鸡传染性喉气管炎是由疱疹病毒引起的一种急性呼吸道传染病,其特征是呼吸困难,咳嗽和咳出含有血液的渗出物,剖检病鸡可见喉部和气管黏膜肿胀、出血和糜烂。本病自然感染的潜伏期为 6～12 天,一年四季都能发生,主要侵害鸡,各种年龄的鸡均可感染。鸡群拥挤、通风不良、饲养管理不善、维生素 A 缺乏、寄生虫感染等,均可促进本病的发生。本病在同群内传播较快,群间传播较慢,常呈地方性流行。

【活体检疫】 根据发生部位和流行情况,临床上可分为喉气管型和结膜型。

喉气管型:特征是呼吸困难,抬头伸颈,并发出响亮的喘鸣声,表情极为痛苦,有时蹲下,身体随着呼吸而呈波浪式起伏;咳出血痰,血痰常附着于墙壁、水槽、食槽或鸡笼上,个别鸡嘴有血染;喉头周围有泡沫状液体,喉头出血;若喉头被血液或纤维蛋白凝块堵塞,病鸡会窒息死亡,死亡鸡体况较好,鸡冠和肉髯呈暗紫色。

结膜型:是由低致病性毒株引起,其特征为眼结膜炎,结膜红肿,1～2 日后流眼泪,眼分泌物从浆液性到脓性,最后导致眼盲,眶下窦肿胀。产蛋鸡产蛋率下降,畸形蛋增多。

【宰后检疫】

喉气管型:在喉和气管内有卡他性或卡他性出血性渗出物或纤维素性干酪样物质,堵塞喉腔;黏膜急剧充血,呈散在的点状或斑状,气管的上部气管环出血;产蛋鸡卵巢异常,出现卵泡变软、变形、出血等。

结膜型:单独侵害眼结膜或与喉、气管病变合并发生。表现为结膜充血、水肿,有时有点状出血。病鸡的眼睑,特别是下眼睑发生水肿，或发生纤维素性结膜炎，角膜溃疡。

【综合判定】 根据活体检疫和宰后检疫情况可作出初步判定，确诊需进行琼脂凝胶免疫扩散试验、病毒中和试验和酶联免疫吸附试验等。

本病应注意与鸡传染性支气管炎、鸡新城疫、慢性呼吸道病相区别。

【检疫处理】 发现本病后，禁止调运同群的鸡只和种蛋，病鸡隔离。对污染的场地、鸡舍、用具、粪便等进行严格的消毒，对受威胁的鸡群用弱毒疫苗紧急接种。病死鸡一律深埋或焚烧。宰后发现本病，应淘汰肉尸病变部分作工业用或销毁，其余部分高温处理后出场。

鸡传染性支气管炎

鸡传染性气管炎是由鸡传染性支气管炎病毒引起的一种急性、高度接触性呼吸道传染病。表现为咳嗽、打喷嚏和气管啰音；雏鸡流鼻涕、排白色稀便；产蛋鸡产蛋率下降，畸形蛋增多等。各种年龄的鸡均易感染，肾型传染性支气管炎主要引起雏鸡发病。本病主要通过呼吸道排出病毒，经空气飞沫传播，一旦感染，很快传遍全群。传染源主要是病鸡和康复后仍带毒的鸡。一年四季均可发生，但以气候寒冷的季节多发。

【活体检疫】 病鸡常表现为呼吸道症状。精神沉郁，畏寒，喘息，打喷嚏，气管有啰音，流鼻涕，不食，呼吸困难，可见病雏张口喘气，产蛋鸡表现为产蛋率下降，产软壳、畸形和粗壳蛋，蛋清稀薄如水。肾型传染性支气管炎表现为羽毛逆立，精神委靡，食欲差，急剧腹泻，排米汤样白色粪便，鸡爪干瘪。

【宰后检疫】 主要表现为气管、支气管、鼻腔和鼻窦充血，内有浆液性、卡他性和干酪样渗出物。未成年母鸡可导致输卵管发育不全(变细、变短、部分缺损或囊泡化),产蛋鸡可见卵泡充血、出血或血肿。肾型传染性支气管炎病鸡表现肾脏肿大、苍白,肾小管和输尿管被尿酸盐结晶充盈并扩张,肾脏外观呈"花斑肾"样。

【综合判定】 根据活体检疫和宰后检疫情况可作出初步判定,确诊需进行病毒中和试验、血凝抑制试验和酶联免疫吸附试验等。

【检疫处理】 发现本病应淘汰病鸡,死鸡应深埋或焚烧。污染的场地、鸡舍、用具、粪便等严格消毒。对其他健康鸡进行紧急免疫接种。

鸡传染性法氏囊病

鸡传染性法氏囊病是由传染性法氏囊病毒引起的一种急性、接触传染性疾病,以突然发病、病程短、发病率高、法氏囊受损和鸡体免疫功能受抑制为特征。本病仅发生于2周龄至开产前的鸡,3~7周龄为发病高峰期。病毒主要随病鸡粪便排出,污染环境而感染。

【活体检疫】 病鸡突然发病,精神沉郁,采食量减少,饮水增多,有些自啄肛门,排白色水样稀便。重者脱水,卧地不起,极度虚弱,最后死亡。耐过雏鸡贫血消瘦,生长缓慢。

【宰后检疫】 法氏囊呈黄色胶冻样水肿,质硬,黏膜上覆盖有奶油色纤维素性渗出物。有时法氏囊黏膜严重出血、坏死、萎缩。另外,病死鸡表现脱水,腿和胸部肌肉常有出血,颜色暗红。肾脏肿胀,肾小管和输尿管充满白色尿酸盐。腺胃和肌胃交界处黏膜出血。

【综合判定】 根据流行特点、活体检疫和宰后检疫情况可作出初步判定,确诊需进行病毒分离与鉴定和血清学检查。

本病应注意与鸡肾型传染性支气管炎、鸡包涵体肝炎、磺胺类药物中毒相区别。

【检疫处理】 发现本病，及时隔离病鸡，并对病鸡进行治疗。对病鸡群、场地要进行彻底消毒。

鸡马立克氏病

鸡马立克氏病是由疱疹病毒引起的一种淋巴组织增生性疾病，病鸡的外周神经、内脏器官、性腺、眼球虹膜、肌肉和皮肤发生淋巴细胞浸润而形成肿瘤，引起消瘦。一年四季均可发病，主要发生于鸡，但火鸡、雉鸡、珍珠鸡、鹌鹑也能自然感染，但发病极少。本病1日龄的鸡最易感，5～8周龄鸡多发，发病高峰在12～20周龄。

【活体检疫】 根据病变发生的主要部位和症状，本病临床上分为神经型、内脏型、眼型和皮肤型4种。

神经型：病鸡一腿或两腿麻痹，步态失调，两腿完全麻痹则瘫痪。正常腿向前迈步，麻痹腿拖在后面，形成"劈叉"的特有姿势。病鸡的一侧或两侧翅膀麻痹下垂（俗称"穿大褂"）。颈部麻痹致使头颈歪斜，嗉囊因麻痹而扩张、松弛（俗称"大嗉子"）。

内脏型：病鸡精神委顿，冠、髯萎缩、颜色变淡，羽毛脏乱，腹部膨大，腹腔积水，极度消瘦，最终因衰竭而死亡。

眼型：单眼或双眼发病，病眼逐渐丧失对光线强度的适应能力，严重者失明。虹膜的正常色素消失，形成同心环状或斑点状、锯齿状，呈混浊的灰白色，所以又称"白眼"、"鱼眼"、"灰眼"、"珍珠眼"等。

皮肤型：多见颈部、翅膀、大腿背侧或尾部皮肤毛囊肿大，皮肤变厚，形成小结节和肿瘤。

【宰后检疫】 受侵害的神经肿大,多见于坐骨神经、颈部迷走神经、臂神经丛、腹腔神经丛和肠系膜神经丛,比正常大 2～3 倍,呈灰白色或黄色水肿,横纹消失,有病损的神经多数是一侧性的;内脏病变主要是形成淋巴性肿瘤或弥漫性肿大,多见于卵巢、肾脏、肝脏、脾脏、心脏、肺脏、肠系膜以及骨骼肌和皮肤等处;法氏囊一般萎缩,有的也呈弥漫性肿大。

【综合判定】 通过活体检疫和宰后检疫情况可作出初步判定,确诊需进行病原鉴定和血清学检查。

【检疫处理】 检出本病后,应按《中华人民共和国动物防疫法》规定,及时淘汰或处理病鸡与可疑鸡,并采取严格措施逐步净化;对污染的场地、鸡舍、用具、粪便等严格消毒。宰后发现本病,对全身有病变者,肉尸和内脏作工业用或销毁;仅内脏有病变时,将内脏销毁,肉尸高温处理后出场。

鸡产蛋下降综合征

鸡产蛋下降综合征是由腺病毒引起的一种以产蛋率下降,产变色蛋、无壳蛋、软壳蛋等异常蛋为特征的传染病。本病潜伏期为 1 周左右,既可水平传播,也可垂直感染。健康鸡可因摄食被污染的饲料和感染鸡所产的蛋而被感染,被感染鸡可通过种蛋和种公鸡的精液而垂直传播,种鸡群被病毒污染后,繁殖的雏鸡群到达产蛋时期即可发病。

【活体检疫】 产蛋率下降,并产出大量变色蛋、薄壳蛋、软壳蛋或无壳蛋等。

【宰后检疫】 肉眼无明显的特征性病变。偶见输卵管和子宫黏膜水肿、肥厚,内有白色渗出物或干酪样物。一般病鸡仅出现卡他性肠炎,有时卵巢萎缩或软化。

【综合判定】 通过流行病学特点、活体检疫和宰后检疫情况可作出初步判定,确诊需进行病原鉴定或血清学检查。

【检疫处理】 在饲养过程中发现本病应及时隔离病鸡,加强免疫。在宰前发现本病,进行急宰,剔除病变部分后,胴体、内脏经高温处理后可利用。

鸡白痢

鸡白痢是由鸡白痢沙门氏菌引起的各种年龄鸡只均可发生的一种传染病,雏鸡发病表现急性败血症经过,以发热、排灰白色粥样或黏性液状粪便为特征;成年鸡发病以损害生殖系统为主的慢性或隐性感染为特征。本病潜伏期为4~5天,鸡对本病的易感性最强,火鸡也可感染,其他禽类偶有发生。病鸡、隐性感染鸡、带菌鸡的排泄物是本病的主要传染源,主要通过消化道感染和经蛋垂直感染。

【活体检疫】

雏鸡:5~7日龄开始发病,病雏精神沉郁,低头缩颈,闭眼昏睡,羽毛松乱,食欲下降或不食,怕冷喜欢扎堆,嗉囊膨大充满液体。突出的表现是下痢,排出一种白色似石灰浆状的稀便,并黏附于肛门周围的羽毛上。有的病雏呼吸困难,伸颈张口。有的可见关节肿大,行走不便,跛行。

青年鸡:多见于40~80日龄的鸡,多突然发生,以下痢、排黄色、黄白色或绿色稀便为特征,病程较长。

成年鸡:呈慢性或隐性感染,无明显症状,但母鸡产蛋率下降。

【宰后检疫】 肝脏肿大、充血,或呈条纹状出血。病程稍长的,可见卵黄吸收不全,呈油脂状或淡黄色腐渣样;肝脏、肺脏、心肌、肌胃和盲肠有坏死灶或坏死结节,心脏上结节增大时可使心脏显著变形。

慢性病例常见母鸡卵泡变形、变色，呈葡萄状。成年公鸡睾丸发炎、萎缩变硬，散有小脓肿。

【综合判定】 根据活体检疫和宰后检疫情况可作出初步判定，确诊需进行病原鉴定和凝集试验。

【检疫处理】 发现本病，采取严格的防控、扑灭措施，扑杀病鸡，尸体深埋或焚烧销毁。场地、用具、鸡舍严格消毒，粪便等污物进行无害化处理。

鸡传染性鼻炎

鸡传染性鼻炎是由鸡嗜血杆菌所引起鸡的急性呼吸道传染病，主要症状为鼻腔与鼻窦发炎，面部肿胀，流水样鼻液，打喷嚏。本病发病率高，传播迅速，易与慢性呼吸道病混合感染。产蛋鸡产蛋率可下降 10%～40%，经济损失很大。各种年龄、品种的鸡均可发生，8～12 周龄鸡最易感，其他家禽均不感染。病鸡和隐性带菌鸡是主要传染源，其传播途径主要是通过吸入含有病菌的飞沫经呼吸道传染，也可由污染的饲料、饮水和用具等经消化道传染。此病特点是潜伏期短、来势凶猛、传播快，多发于冬季、秋季和初春时节。鸡群密度过大、拥挤，鸡舍寒冷、潮湿、通风不良，维生素 A 缺乏，寄生虫感染等，均可促进本病的发生和流行。

【活体检疫】 本病的特征是呼吸道症状，常损害鼻腔和鼻窦，发生炎症者常仅表现鼻腔流稀薄清液，常不令人注意。一般常见症状为鼻孔先流出清液以后转为浆液黏液性分泌物，有时打喷嚏。脸肿胀，眼结膜发炎。食欲和饮水减少，或有下痢。仔鸡生长不良，母鸡产蛋减少，公鸡肉髯肿大。炎症蔓延至下呼吸道时，则呼吸困难有啰音。转为慢性和其他疾病时,则鸡群中发出一种污浊的恶臭气味。本病初期死亡率低,恢复期死亡率增高。

【宰后检疫】 鼻腔和鼻窦黏膜呈急性卡他性炎症,黏膜充血肿胀,表面覆有大量黏液,鼻窦内有渗出物凝块,后成为干酪样坏死物。常见卡他性结膜炎,结膜充血水肿。面部和肉髯皮下水肿。严重时可见气管黏膜炎症,偶有肺炎或气囊炎。

【综合判定】 根据活体检疫和宰后检疫情况可作出初步诊断,确诊需进行实验室诊断。

【检疫处理】 发现本病应及时治疗,淘汰处理患病鸡群。被污染的鸡舍、场地、用具应严格消毒。

鸡败血支原体感染

鸡败血支原体感染又称慢性呼吸道病,是由鸡败血支原体引起的鸡和火鸡的一种慢性呼吸道传染病,其临床特征为咳嗽、流鼻液、气喘、呼吸有啰音等,火鸡常有鼻窦炎。本病潜伏期为4～21天,各种年龄的鸡均可感染,但4～8周龄的雏鸡最易感,成年鸡感染多呈阴性经过,仅表现产蛋率、孵化率下降。病鸡、隐性感染鸡和带菌鸡是本病的主要传染源,主要通过呼吸道感染,也可通过消化道感染。另外,也可经种蛋垂直传染,代代相传,使鸡群连续不断的发病。

【活体检疫】 病鸡流泪,甩鼻,颜面肿胀,打喷嚏,发出呼噜声。有的眼部突出,眼内有干酪样渗出物,如豆子大小,严重时可造成失明,如没有继发感染死亡率很低。

【宰后检疫】 主要的病理变化在鼻腔、喉头和气管内,表现黏膜水肿、充血、出血,鼻窦内充满黏液或干酪样物质;腹腔内有一定量的泡沫,肠系膜上和气囊内浑浊或有黄白色絮状物质附着;与大肠杆菌混合感染时,可见心包炎、肝周炎、气囊炎,有的还出现卵黄性腹膜炎的病理变化。

【综合判定】 根据活体检疫和宰后检疫情况可作出初步诊断,确诊需进行凝集试验和血凝抑制试验。

本病注意应与鸡新城疫、鸡传染性鼻炎、鸡传染性支气管炎、温和型禽流感、鸡曲霉菌病、鸡传染性喉气管炎相区别。

【检疫处理】 病鸡隔离,治疗或扑杀,病死鸡应深埋、焚烧。严格消毒种蛋建立健康鸡场。

鸡球虫病

鸡球虫病是鸡常见的一种急性流行性原虫病,以消瘦、贫血、血痢、生长发育受阻为特征。各种年龄、品种的鸡均易感染,雏鸡最易感,成年鸡多为带虫者。病鸡和带虫鸡是主要传染源,通过消化道感染。本病一年四季均可发生,但以湿热多雨的夏季多发。

【活体检疫和宰后检疫】

急性型:多见于雏鸡。病初精神沉郁,羽毛逆立,头蜷缩,食欲不振,下痢,排血红色或棕褐色血便。鸡盲肠球虫主要侵害盲肠,表现为盲肠肿大,黏膜出血或坏死,内充满血液或血样凝块;小肠球虫主要侵害小肠中段,使肠壁增厚、严重坏死,肠管内充满血液或血样凝块,于3~5天内死亡。

慢性型:多见于4~6月龄以上的鸡。表现为逐渐消瘦、贫血和间歇性下痢,有时粪便中有红萝卜丝样物。

【综合判定】 鸡群中无症状有卵囊的阴性感染极为普遍,因此必须根据流行特点、活体检疫和宰后检疫情况以及病原体检查进行综合判断。

【检疫处理】　鸡感染球虫后,应搞好饲养管理,保持鸡舍干燥,粪便发酵处理,全群采取有针对性的药物治疗。

禽白血病

禽白血病又称禽白细胞增生症,是由禽白血病/肉瘤病毒群的病毒引起的禽类(主要是鸡)多种肿瘤性疾病的统称,主要包括淋巴细胞性白血病、成红细胞性白血病和成髓细胞性白血病。此外,还可引起骨髓细胞瘤、结缔组织瘤、上皮肿瘤、内皮肿瘤等。大多数肿瘤侵害造血系统,少数侵害其他组织。传染源是病鸡和带毒鸡。在自然条件下,本病潜伏期长短不一,传播缓慢,主要以垂直传播方式进行传播,也可水平传播,但比较缓慢。

【活体检疫和宰后检疫】

淋巴细胞性白血病:病鸡精神委顿,全身衰弱,进行性消瘦和贫血;鸡冠和肉髯苍白、皱缩,偶见发绀;病鸡食欲减少或废绝,腹泻,产蛋停止;腹部常明显膨大,用手按压可摸到肿大的肝脏、法氏囊、肾脏,最后病鸡衰竭死亡。主要发生于14周龄以上的鸡,在肝脏、脾脏、肾脏、法氏囊可见结节状、粟粒大小或弥漫性灰白色肿瘤,其他器官如肺脏、性腺、心脏、骨髓和肠系膜也可见到。粟粒状肿瘤多见于肝脏,均匀分布于肝实质中,肝脏均匀肿大,颜色苍白,故俗称"大肝病"。

成红细胞性白血病:病鸡衰弱,嗜睡,鸡冠稍苍白或发绀,消瘦,腹泻。病程从12天至几个月不等。本病临床上分为增生型和贫血型2种病型,均表现全身性贫血,皮下、肌肉和内脏有点状出血。增生型的特征性肉眼病变是肝脏、脾脏、肾脏弥漫性肿大,呈樱桃红色至暗红色,有的剖面可见灰白色肿瘤结节;贫血型病鸡的内脏常萎缩,尤以脾脏为甚,骨髓色淡呈胶冻样。

成髓细胞性白血病：病鸡嗜睡，贫血，消瘦，腹泻，毛囊出血；骨髓坚实，呈红灰色至灰色；肝脏偶见灰色弥散性肿瘤结节。

骨髓细胞瘤病：症状与成髓细胞性白血病相似。特征是肿瘤突出于骨的表面，多见于肋骨与肋软骨连接处、胸骨后部、下颌骨以及鼻腔软骨。骨髓细胞瘤呈淡黄色，柔软脆弱或呈干酪状，呈弥散或结节状，且多呈两侧对称。

骨硬化病：骨丁或骨丁长骨端有均匀或不规则增厚。晚期病鸡的骨呈特征性的"长靴样"外观。病鸡发育不良、苍白、行走拘谨或跛行。

其他如血管瘤、肾瘤、肾胚细胞瘤、肝癌和结缔组织瘤等，自然病例均极少见。

【综合判定】 根据流行病学特点、活体检疫和宰后检疫情况作出初步判定，确诊需进行病原鉴定或血液学检查。

注意本病应与马立克氏病相区别。

【检疫处理】 发现本病应及时淘汰或处理病鸡与可疑鸡，并采取严格措施逐步净化。对污染的场地、鸡舍、用具、粪便等严格消毒。屠宰时发现本病，对全身有病变者，肉尸和内脏作工业用或销毁。仅内脏有病变时，将内脏销毁，肉尸高温处理后出场。

禽　痘

禽痘是由禽痘病毒引起的一种接触性传染病，分为皮肤型、白喉型和混合型。多年来在全国各地都有发生。禽群不同、地区不同、气候不同，所造成的危害性也不同。本病潜伏期为 4～10 天，主要发生于鸡、火鸡、鸭、鹅，鸽有时也发生。

各种年龄的禽均可感染,以雏禽最易感,蚊虫叮咬是最主要的传播因素。本病一年四季均能发生,秋冬季最易流行,7～10月份高发。

【活体检疫】 根据个体症状和病变部位不同,临床上可分为皮肤型、白喉型、混合型。

皮肤型:病禽精神委顿,整个禽群的采食量减少,明显消瘦,生长受阻,发育不良。冠、肉垂、嘴角、眼皮、腿、脚、泄殖腔以及翅的内侧等部位有灰色或黑色痘疹。蛋禽产蛋率下降。

白喉型(黏膜型):口腔和咽喉部黏膜有黄白色痘疹和白色假膜,堵塞咽喉,造成病禽呼吸困难,因气流不畅,喉部发出"咯"的尖叫声,最后因停食衰竭和窒息而死亡。

混合型:具备上述两型禽痘特征,死亡率更高,严重者可高达30%～40%。

【宰后检疫】

皮肤型:在病变部位可见不同发展时期的痘疹或痘疹脱落所形成的瘢痕。

白喉型:在口腔、咽、喉或器官部黏膜上有隆起的白色结节,以后迅速增大,融合成黄白色奶酪样坏死性假膜,因病变类似人的白喉,故称白喉型鸡痘。

混合型:可见上述两种病变。

【综合判定】 根据活体检疫和宰后检疫情况可作出初步判定,确诊需经病原鉴定和血清学检查。

黏膜型禽痘应注意与鸡传染性鼻炎、鸡传染性喉气管炎、泛酸和生物素缺乏症等相区别。

【检疫处理】 发现本病,病禽隔离饲养,假定健康禽紧急接种鸡痘疫苗。屠宰时发现本病,病变严重者作工业用或销毁,轻者高温处理后出场。

禽霍乱

禽霍乱又称禽出血性败血症,是由多杀性巴氏杆菌引起的禽的一种急性败血性传染病。其急性型表现为剧烈下痢和败血症,发病率和死亡率都很高;慢性型表现为呼吸道、肉髯水肿和关节炎,发病率和死亡率都较低。本病潜伏期一般为2~9天,对各种家禽,如鸡、鸭、鹅、火鸡等都有易感性,但鹅易感性较差,各种野禽也易感本病。病禽和带菌禽是本病的传染源,感染途径为呼吸道、消化道和损伤的皮肤等。本病一年四季均可发生,一般呈散发性或地方性流行。

【活体检疫】 根据病程的长短可分为最急性型、急性型和慢性型3种病型。

最急性型:常见于流行初期,以产蛋多和肥胖的鸡最常见。表现突然发病,迅速死亡。

急性型:最为常见,表现为精神沉郁,羽毛松乱,缩颈闭眼,头缩在翅下,离群呆立。常有腹泻,排黄色、灰白色、绿色、甚至混有血液的腥臭稀便。体温升高至 43℃~44℃,渴欲增加。呼吸困难,口、鼻分泌物增多。鸡冠和肉髯变为青紫色。产蛋鸡停止产蛋。病程1~3天。

慢性型:见于流行后期。常表现慢性肺炎、慢性呼吸道炎症和慢性胃肠炎症状。病鸡鼻孔有黏性分泌物。病鸡消瘦,精神委顿,持续性腹泻。鸡冠和肉髯发紫、肿大。有的病鸡有关节炎,表现为关节肿大、疼痛、脚趾麻痹、跛行。

鸭急性霍乱症状与鸡基本相似,口和鼻有黏液流出,常常摇头,企图排出积在喉头的黏液,故有"摇头瘟"之称,病程稍长者局部关节肿胀、跛行。

【宰后检疫】

最急性型：死亡的病鸡多无特殊病变，有时只能看见心外膜有少许出血点。

急性型：呈败血症症状，腹膜、皮下组织和腹部脂肪常见小点状出血；心外膜、心冠脂肪出血；肺脏有充血或出血点；肝脏稍肿，质变脆，呈棕色或黄棕色，表面散布有许多针尖大的灰白色或黄白色坏死点，称"玉米粉肝"；肌胃出血显著，肠道尤其是十二指肠严重出血。

慢性型：鸡冠和肉髯水肿、坏死，结黑色痂，甚至坏疽；关节肿大变形；母鸡的卵巢明显出血，有时卵泡变形，似半煮熟样。

【综合判定】 根据流行病学特点、活体检疫和宰后检疫情况可作出初步判定，确诊需经病原鉴定和血清学检查。

注意本病应与鸡新城疫相区别。

【检疫处理】 发现本病，立即对病群进行封锁、隔离、消毒。扑杀病禽和同群禽，尸体深埋或焚烧处理，其他健康禽进行紧急预防接种。

鸡病毒性关节炎

鸡病毒性关节炎是由禽呼肠孤病毒引起鸡和火鸡常见的一种病毒性关节炎，以关节肿胀、腱鞘发炎，并常导致腓肠肌断裂为特征。本病在多数情况下呈亚临床感染，自然情况下仅感染鸡和火鸡，各种类型的鸡均能感染，以4~6周龄的肉用仔鸡发病最多，蛋鸡和火鸡其次。日龄增加，易感性降低。其他禽类和鸟类体内可发现呼肠孤病毒，但不发病。病鸡和带毒鸡是主要传染源，主要通过消化道进行排毒，污染饲料、饮水，经消化道传染其他鸡而进行水平传播，也可通过种蛋垂直传播。

【活体检疫】 大多数感染鸡呈隐性感染,只有血清学和组织学的变化而无临床症状。部分病鸡病初有轻微的呼吸道症状,食欲和活力减退,不愿走动,蹲伏,贫血,消瘦,随后出现跛行,两侧性胫和跗关节发炎肿胀。病程延长且严重时,可见一侧或两侧腓肠肌肌腱断裂,骨扭转。本病的感染率可高达95%~100%,但死亡率通常不超过5%。

【宰后检疫】 在跗关节上部有明显地伸肌腱肿胀。切开肿胀局部,见有少量黄色浆液性纤维素性渗出物。在感染的早期,跗关节和蹠关节的腱鞘显著肿胀,踝关节上方的滑膜常有出血点。腱部的炎症转化为慢性型病变,其特征为腱鞘硬化和粘连,胫、跗关节远端的关节软骨形成有凹陷的小烂斑。

【综合判定】 根据活体检疫和宰后检疫情况可作出初步判定,确诊需进行病原学和血清学检查。

【检疫处理】 对病鸡要坚决淘汰;污染的鸡舍,待病鸡群从鸡舍中清除之后,必须全部空出和清洗消毒。

禽传染性脑脊髓炎

禽传染性脑脊髓炎是由禽脑脊髓炎病毒引起的禽类传染病,临床特征为头、颈部肌肉震颤,不能行走;商品鸡产蛋率下降;种鸡若在产蛋期被感染,则雏鸡在出壳后4周内可能出现脑脊髓炎症状。各种日龄的鸡、火鸡均可感染,但只有雏禽才有明显的临床症状和死亡。病禽和带毒禽为主要的传染源,病禽粪便中含有大量病毒,被污染的饲料、饮水和用具等可引起水平传播;若母鸡在产蛋期被感染,则可通过种蛋进行垂直传播。本病的发生没有季节性,一年四季均可发生。雏鸡的发病率为40%~60%,死亡率为20%~50%或更高些。

【活体检疫】 本病经种蛋传播的潜伏期为1～3天,经消化道传播的潜伏期为1～2周。发病雏鸡临床症状较明显,最初表现为精神沉郁、羽毛松乱、步态不稳,继而发生运动失调、两脚瘫痪、不能站立,驱赶时则用膝部行走或倒卧一侧。头和颈部发生震颤,人工刺激时可诱发震颤症状。此时病鸡采食与饮水明显减少,最后衰竭死亡。1月龄以上的鸡群感染后,症状不明显。育成鸡感染后,有时眼睛会发生白内障而导致失明。成年鸡在产蛋期感染后,只表现短时间内的产蛋率下降,随后逐渐恢复。

【宰后检疫】 雏鸡的惟一变化是腺胃的肌肉层有白色小病灶,成年鸡则无此变化。

【综合判定】 根据活体检疫和宰后检疫情况可作出初步判定,确诊需进行病原学和血清学检查。

【检疫处理】 鸡群一旦发病,立即扑杀并做无害化处理,鸡舍、场地、用具应彻底消毒。

禽 伤 寒

禽伤寒是由鸡伤寒沙门氏菌引起的,主要发生于鸡,也可感染火鸡、鸭、孔雀等鸟类,但野鸡、鹅、鸽不易感。一般呈散发性。

【活体检疫】 在年龄较大的鸡和成年鸡,急性经过者突然停食,精神委顿,排黄绿色稀便,羽毛松乱,冠和肉髯贫血、苍白、皱缩。体温上升1℃～3℃,通常在5～10天死亡。

【宰后检疫】 病程稍长者可见有肝脏、脾脏和肾脏充血肿大。亚急性型和慢性型病例,特征病变是肝脏肿大呈青铜色,有灰白色粟粒状坏死灶,心肌可见心包炎症状。公鸡睾丸可存在病灶。雏鸡的肺脏、心脏和肌胃有时可见灰白色小病灶,与鸡白痢相似。雏鸡感染时,可见心包膜出血,脾脏轻度肿大,肺脏和肠呈卡他性炎症。成年鸭感染后,卵巢和卵黄有变化,与成年母鸡患白痢者类似。

【综合判定】 根据活体检疫和宰后检疫情况可作出初步判定,确诊需进行病原学和血清学检查。

【检疫处理】 发现病禽及时隔离治疗。屠宰时发现本病,切除皮肤病变部分,肉尸和内脏无限制出场。

鸭 瘟

鸭瘟是由鸭瘟疱疹病毒引起鸭的一种急性、败血性、接触性传染病,其特点为传染快,死亡率高。病变特征是头部肿胀,表现为全身出血性素质。本病潜伏期一般为 2～4 天,各种年龄和品种的鸭均可感染,但以番鸭、麻鸭、绵鸭最易感,北京鸭敏感性较差,鹅有时也会发病。病鸭和带毒鸭是主要的传染源,其排泄物通过污染环境而传播本病。消化道是主要传播途径,自然交配和呼吸道也可传播。本病一年四季均可发生,但以春、夏之交和秋季流行严重。

【活体检疫】 病初体温急剧升高至 43℃～44℃,稽留不退。病鸭精神委靡,头颈缩起,食欲减退或停食,渴欲增加,喜卧不愿走动,不愿游水,漂浮水面并挣扎回岸。流泪,眼周围羽毛沾湿,甚至有脓性分泌物将眼睑粘连。鼻腔亦有分泌物,部分鸭头颈部肿大,俗称"大头瘟"。病鸭下痢,稀便呈绿色或灰白色。后期体温下降,精神极度沉郁,一般病程为 2～5 天,常衰竭死亡。慢性病例可拖至 1 周以上,病鸭消瘦,生长发育不良,体重减轻。

【宰后检疫】 头部肿胀,皮下出血,皮下胶冻样浸润。特征病变在消化道,可见口腔、咽部、喉头周围有坏死灶,形成不易剥离的伪膜,食管黏膜有纵行排列的灰黄色假膜覆盖或小出血斑点,在泄殖腔黏膜(即肛门内侧)有出血或溃疡,小肠有出血环。此外,肝脏不肿胀,表面有针尖大至小米粒大的灰白色坏死小点,心脏有出血点。皮下有淡黄色浸润,腺胃黏膜和肌胃角质膜下层有出血和坏死点。

【综合判定】 根据临床症状、活体检疫和宰后检疫情况可作出初步判定,确诊需进行接种试验或中和试验。

【检疫处理】 一旦发现鸭瘟,必须采取严格封锁措施,进行隔离消毒和紧急预防接种。病死鸭深埋或焚烧。粪便、羽毛、污水应彻底消毒,垫料宜焚烧。屠宰时发现本病,内脏作工业用或销毁,肉尸高温处理后可供食用。

鸭病毒性肝炎

鸭病毒性肝炎是由鸭肝炎病毒引起的雏鸭的一种高度致死性传染病,主要特征为肝脏肿大、有出血斑点和神经症状。本病潜伏期 1～4 天,主要发生于 4～20 日龄雏鸭,成年鸭有抵抗力,鸡和鹅不能自然发病。病鸭和带毒鸭是主要传染源,主要通过消化道和呼吸道感染。饲养管理不良,缺乏维生素和矿物质,鸭舍潮湿、拥挤,均可促使本病发生。本病发生于孵化雏鸭的季节,一旦发生,在雏鸭群中传播迅速,发病率可达 100%,死亡率可达 90% 以上。

【活体检疫】 突然发病,病程短促,病初精神委靡,不食,行动呆滞,缩颈、翅下垂,眼半闭呈昏迷状态,有的出现腹泻,排出灰白色或绿色水样粪便。不久,病鸭出现神经症状,不安,运动失调,身体倒向一侧,两脚发生痉挛,数小时后死亡。死前头向后弯,呈角弓反张姿势。

【宰后检疫】 可见特征性病变在肝脏。肝脏肿大,呈黄红色或花斑状,表面有出血点和出血斑。胆囊肿大,充满胆汁。脾脏有时肿大，外观也类似肝脏的花斑。多数肾脏充血、肿胀。心肌如煮熟状，有些病例有心包炎。气囊中有微黄色渗出液和纤维素絮片。

【综合判定】　本病的流行特点、临床症状和病理变化都较为典型，综合分析可以作出初步判定，必要时可通过病原鉴定和血清学检查确诊。

本病注意应与鸭瘟和禽霍乱相区别。

【检疫处理】　发生本病后，采取严格控制、扑灭措施，防止扩散。病鸭隔离饲养，立即注射高免血清（或卵黄）或康复鸭的血清。

小 鹅 瘟

小鹅瘟是由鹅细小病毒引起的一种急性败血性传染病，传播迅速，死亡率高。其临床特征为精神委顿，食欲废绝，严重下痢，有时出现神经症状。特征性病变为严重的渗出性肠炎，小肠黏膜发生坏死脱落形成香肠样栓子，堵塞肠管。本病的潜伏期为3～5天，主要传染鹅，其他禽类除番鸭外，均不感染。在自然情况下，主要发生于4～20日龄的雏鹅，20日龄以上的鹅发病率很低，成年鹅感染后不发病，但可带毒，将病毒通过种蛋传给下一代。病鹅日龄越小死亡率越高，10日龄以内死亡率为100％，15日龄以上发病较为缓和，部分可自行康复。主要通过消化道传播，也可通过种蛋垂直传播。病雏鹅和带毒鹅是本病的主要传染源。本病的流行有周期性，大流行后1～2年内不发病。

【活体检疫】　根据病程长短，临床上可分为最急性型、急性型和亚急性型等病型。

最急性型：常发生于出壳3～5天的雏鹅，发病突然，很快死亡。

急性型:常发生于 15 日龄以内的雏鹅。病鹅精神委顿,打瞌睡,食欲减退,饮欲增加;嗉囊松软,内含大量液体和气体;鼻孔流出浆液性分泌物,口角有液体甩出,病鹅常为清除分泌物而摆头,所以又叫"摇头瘟";继而出现严重下痢,排黄色或黄白色混有气泡或假膜的水样粪便,肛门突出;常在临死前出现颈部扭转、全身抽搐或瘫痪等神经症状。

亚急性型:常发生于 15 日龄以上的雏鹅或流行后期发病的雏鹅,病鹅运动迟缓、下痢、减食或不食,消瘦,少数幸存者在一段时间内生长不良;20 日龄以上的鹅发病较少,病程 3～7 天,部分能自愈。

【宰后检疫】 特征性病变在消化道,尤其是小肠有急性浆液性纤维素性炎症,肠黏膜发炎、坏死,呈片状或带状脱落。最急性型仅小肠黏膜充血或出血,胆囊肿大;急性型表现全身败血症变化,肝脏淤血肿大,质脆,胆囊明显膨大,充满暗绿色胆汁,肾脏肿大呈暗红色,胰腺肿大,偶有灰白色小坏死点,心房扩张,心壁松弛,心肌晦暗,苍白。小肠呈卡他性纤维素性坏死性肠炎变化。

【综合判定】 根据活体检疫和宰后检疫情况可作出初步判定,确诊需进行病原鉴定和血清学检查。

本病应注意与雏鹅病毒性肠炎、鹅副黏病毒病相区别。

【检疫处理】 发现本病后,采取严格控制、扑灭措施,扑杀病鹅和同群鹅,尸体深埋或焚烧。受威胁区进行紧急免疫接种。污染的场地、用具等进行彻底消毒。

禽类疫病鉴别检疫要点见表 6-12,表 6-13,表 6-14。

表 6-12　禽类疫病鉴别检疫要点

疫病名称	相同症状	不同症状
鸡新城疫	鸡以败血症为主的急性疫病	主要侵害鸡,鸭不发病。高度接触性传染病,发病率和死亡率都很高。呼吸困难,腹泻,嗉囊积液,有神经症状。腺胃黏膜有出血,肠黏膜出血性纤维素性坏死性炎症或溃疡
禽霍乱		鸡和鸭都感染发病,侵害各种年龄的鸡。传播比鸡新城疫缓慢,病程较鸡新城疫短促(1~3 天)。致死率高,死亡急,冠髯发绀、肿胀,无神经症状。全身出血最为明显,肝脏有许多灰白色坏死点,小肠只有出血性炎症。涂片染色镜检,可见两极浓染的巴氏杆菌
禽流行性感冒		仅鸡感染发病,发病率和死亡率都高,潜伏期与病程均比鸡新城疫短。头面水肿,呼吸困难,神经症状不如鸡新城疫显著。全身黏膜、浆膜出血较鸡新城疫明显和广泛,肠黏膜没有溃疡。禽流行性感冒病毒能使马、骡、驴、绵羊或山羊红细胞发生凝集现象,而鸡新城疫病毒则不能
鸡沙门氏菌病		包括鸡白痢、鸡伤寒和鸡副伤寒 3 种。主要发生于 1月龄内的雏鸡,散发或地方性流行;畏寒,沉郁,厌食,腹泻,无神经症状;肝脏肿大,有条纹状出血,卵黄吸收不良,心脏、脾脏、胃和后段肠道有出血和坏死灶
鸡新城疫	鸡以呼吸器官症状明显的疫病	发生于任何年龄的鸡。有神经症状。腺胃乳头出血,小肠有局限性出血性纤维素性坏死性炎症或溃疡
鸡传染性支气管炎		主要侵害半月龄以内的雏鸡,传播速度较鸡新城疫快,鼻窦肿胀,喷嚏,有气管啰音。鼻腔、窦黏膜、喉头、气管、气囊、支气管、肺脏等有轻度充血水肿和卡他性渗出物或干酪样物

疫病名称	相同症状	不同症状
鸡传染性喉气管炎	鸡以呼吸器官症状明显的疫病	主要危害成年鸡,传染速度较鸡传染性支气管炎慢,呼吸症状较鸡传染性支气管炎严重。呼吸极为困难,有呼吸啰音,痉挛性咳嗽,咳出血样黏液。喉头和气管上1/3部黏膜严重充血和出血,并覆盖带血的黏液或纤维素性假膜
鸡霉形体病		4～8周龄的幼鸡多发。常呈慢性经过,多见于冬春季。眼睑肿胀、眼球突出,流泪、流涕、打喷嚏、咳嗽、气管啰音、喘鸣。气囊肥厚浑浊,囊壁附有黄白色渗出物,或囊腔中充积大量黄色干酪样物
鸡传染性鼻炎		是由革兰氏阴性副嗜血杆菌引起的鸡的一种急性呼吸道传染病。特征症状是鼻腔、鼻窦发炎,打喷嚏、流泪、流涕,脸部肿胀和结膜炎。面部、肉髯皮下水肿,鼻腔、眶下窦、结合膜囊内有干酪样的恶臭渗出物,喉头、上部气管黏膜充血肿胀,覆有大量黏液。2～3月龄的鸡最易感。秋冬季多见。发病率40%左右,死亡率在20%以下
鸡曲霉菌病		主要侵害1月龄以内的幼鸡。喘气,无气管啰音,常有腹泻。肺脏、气囊有灰白色或淡黄色的霉斑结节,内含干酪样物,硬如橡皮
白喉型鸡痘		主要侵害雏鸡和中鸡,口腔和咽喉黏膜有黄白色假膜
禽霍乱		鸡、鸭都易感。下痢,冠、髯肿胀。肝脏表面有弥漫性灰白色坏死点,心冠和十二指肠出血显著
鸡马立克氏病	鸡有肿瘤的疫病	4周以上的鸡发病。外周神经常受侵害,表现麻痹或不全麻痹。皮肤、肌肉可能出现肿瘤。眼的虹膜混浊呈灰色。法氏囊受侵害多呈萎缩。肿瘤组织细胞是由小淋巴细胞、中淋巴细胞、淋母细胞、浆细胞和网状细胞等多形态细胞混合组成

疫病名称	相同症状	不同症状
鸡淋巴细胞性白血病	鸡有神经症状的疫病	16 周以上的鸡发病。外周神经、皮肤、肌肉和虹膜不被侵害而无肿瘤病变。法氏囊受侵害肿大有结节状肿瘤。瘤细胞常为较一致的淋巴母细胞组成
鸡新城疫		神经症状呈仰头、扭颈、旋转、倒退外，还表现呼吸器官症状和下痢；腺胃乳头出血和小肠局限性出血性纤维素性坏死性炎症或溃疡等变化
鸡马立克氏病		神经症状常呈"劈叉"姿势，还可见到受侵害外周神经增粗，内脏器官有淋巴细胞性肿块
鸡传染性脑脊髓炎		神经症状常见头颈震颤抽搐，腿肌无力，共济失调。无明显眼观病理变化
禽流行性感冒		神经症状除兴奋抽搐，或瘫痪外，还有头面水肿，浆膜、黏膜和脂肪组织出血严重，肠黏膜无溃疡
鸡球虫病		除两脚爪外翻痉挛的神经症状外，还有血性下痢，盲肠肿大充满血液。肠增厚
鸡法氏囊病		神经症状呈头颈躯体震颤，曲肢蹲伏外，还有畏寒、腹泻、啄肛、极度虚弱，法氏囊初期肿大，随后缩小坏死
鸡沙门氏菌病	鸡以腹泻症状显著的疫病	主要侵害雏鸡。排白色石膏样稀便，肝脏肿大、质脆，有条纹状出血，肝脏、脾脏、肺脏、心脏、肌胃等处可见有小米粒大的灰白色坏死灶，或粟粒大较硬的小结节
鸡球虫病		主要侵害 4 周龄和 10～14 周龄的雏鸡。排血便，盲肠或小肠中段腔中有血凝块或暗红色血液，肠黏膜弥漫性出血，小肠壁上有白色不透明斑点
鸡传染性法氏囊病		3～6 周龄鸡发病最多，突然大群发病。排白色水样便或带泡沫微黄色稀便，啄肛。法氏囊充血、出血、水肿、萎缩坏死

疫病名称	相同症状	不同症状
鸭瘟	鸭急性死亡的主要疫病	成年鸭和产蛋母鸭的发病率和死亡率高于 15 日龄以下的小鸭，鸡不感染。两脚发软无力，流泪，眼睑水肿，下痢和头颈部肿大。口腔、食管、泄殖腔黏膜有坏死假膜或溃疡，肝脏有坏死灶
鸭病毒性肝炎		只有鸭易感，鸡和鹅均不能自然发病。仅发生于 5 周龄以内的鸭，尤其是 2 周龄以内的雏鸭，突然发生，传播迅速，流行过程短促，病死率高。共济失调，全身痉挛，角弓反张。肝脏出血肿大，呈黄红色或花斑状
鸭霍乱		大小鸭、鸡、鹅都能感染发病。咽喉内有多量分泌物，呼吸困难、摇头，腹泻，瘫软。心脏严重出血，伴发纤维素性心包炎和纤维素性坏死性肺炎。肝脏有针尖大小灰白色坏死点，食管、肠道黏膜仅有充血、出血，没有假膜或溃疡
鸭副伤寒		鸡、鸭都易感发病，但成鸭感染后一般不出现病状。主要是雏鸭感染后发病。2 周龄鸭为败血症经过，颤抖，喘息，眼睑水肿。肝脏呈铜灰色坏死灶
小鹅瘟	鹅急性死亡的主要疫病	仅感染鹅，主要侵害 5～15 日龄的雏鹅，发病率和死亡率可高达 95%～100%。成年鹅和其他禽不发病。病鹅衰弱、腹泻，1～2 天内死亡。小肠中下段腔内有肠栓或带状凝固物
鹅流行性感冒		仅感染鹅，多在 1 月龄左右发病，死亡率也很高。呼吸困难、摇头、流鼻液。呈全身性败血症病变
鹅巴氏杆菌病		可使雏鹅大批死亡，亦能使成年鹅、鸡和鸭发病死亡。病鹅怕水，呼吸困难，腹泻，脚软。皮下、腹膜、心脏、肺脏出血，肝脏有针尖大小坏死点
雏鹅副伤寒		鸡、鸭、鹅都能感染发病，能引起雏鹅大批死亡。但发病日龄较大，多在 1～4 周龄发病，其流行范围和死亡率较小鹅瘟小。嗜睡、下痢、畏寒。小肠见不到纤维素性坏死性栓子，可见肝脏、脾脏充血并有条纹或针尖状出血和坏死灶，心包炎伴发心包粘连

表 6-13　鸡常见消化道传染病的鉴别检疫要点

病　名	病　原	易发年龄	腹泻特征	其他病变特征	实验室检查
雏鸡白痢	鸡白痢沙门氏菌	1～3周龄雏鸡多发	白色糊状稀便	肝脏肿大、呈土黄色；胆囊肿大；脾脏肿大；卵黄吸收不良；心肌、肝脏、肌胃、脾脏和肠道有白色坏死结节	成鸡和种鸡做全血平板凝集试验，雏鸡分离病原
副伤寒	沙门氏菌	1～2月龄雏鸡多发	水样腹泻	出血性肠炎，盲肠有干酪样物，肝脏、脾脏有坏死灶	分离病原
鸡伤寒	鸡伤寒沙门氏菌	成年鸡多发	黄绿色稀便	脾脏、肝脏肿大、淤血，呈青铜色，有坏死灶	分离病原
大肠杆菌病	埃希氏大肠杆菌	4月龄以内鸡易发	绿白色稀便	心包炎、肝周炎、气囊炎、肠炎和腹膜炎	分离病原
球虫病	艾美耳属球虫	20～50日龄雏鸡多发	血便或红棕色稀便	盲肠内有血液块和坏死渗出物，小肠有出血	涂片检查球虫卵
法氏囊病	双股RNA病毒	20～60日龄雏鸡多发	白色水样稀便	法氏囊肿大、充血、出血和水肿后期萎缩。肌肉出血，有花斑肾，腺胃与肌胃交界处有出血带	琼脂扩散试验及分离病原
盲肠肝炎	火鸡组织滴虫	2～3月龄雏鸡多发	绿色或带血的稀便	盲肠粗大增厚，呈香肠状。肝脏表面有圆形坏死	镜检组织滴虫

病　名	病　原	易发年龄	腹泻特征	其他病变特征	实验室检查
新城疫	鸡新城疫病毒	各种年龄鸡均可发病	绿色稀便	腺胃、肌胃、肠道有出血斑点。肠道有枣核样溃疡，盲肠扁桃体肿大和出血	血凝和血凝抑制试验，分离病原
禽霍乱	多杀性巴氏杆菌	成鸡，特别是产蛋鸡多发	灰白色或黄绿色稀便	肝脏有小点坏死灶，十二指肠严重出血，产蛋鸡子宫内常见有完整的鸡蛋	肝脏、脾脏涂片镜检分离病原菌

表 6-14　鸡常见呼吸道传染病的鉴别检疫要点

病　名	病　原	流行特点	临床症状	病变特征	实验室检查
传染性支气管炎	传染性支气管炎病毒	各种年龄鸡均可感染，雏鸡死亡率高	呼吸困难，有啰音，流鼻液。产蛋率下降，畸形蛋增多，排白色稀便	鼻、气管、支气管有炎症，肺脏水肿，气囊炎，肾肿大，尿酸盐沉积	中和实验，分离病毒
传染性鼻炎	鸡嗜血杆菌	1月龄以上的鸡多发，呈急性经过，无继发感染时死亡率不高	打喷嚏，流鼻液，颜面水肿，眼睑和肉髯水肿，结膜有炎症	鼻腔和鼻窦充血、肿胀，有黏液脓性分泌物，眼结膜囊内有干酪样物	凝集试验，分离培养嗜血杆菌
传染性喉气管炎	疱疹病毒	成年鸡发病较多，传播快，发病率高	呼吸急促，有啰音，咳出带血黏液，产蛋率下降	喉头出血，有大量渗出物，气管内有血样渗出物，有时有伪膜，伪膜易剥离	琼脂扩散试验、中和试验，核内有包涵体，可分离出病毒

病 名	病 原	流行特点	临床症状	病变特征	实验室检查
败血支原体感染	败血支原体	4～8周龄雏鸡多发，病程较长	鼻流黏液性或浆液性液体，有喘鸣音，眼睑肿胀	鼻黏膜增厚，有干酪样物，眼结膜发炎。鼻窦内充血、水肿，有渗出物。气囊内有干酪样渗出物	全血平板凝集反应，血凝抑制试验，分离培养支原体
曲霉菌病	烟曲霉菌等	雏鸡易感，经霉变饲料和垫料感染	呼吸困难，鼻、眼发炎，肉色发绀，发育不良	肺脏和气囊有黄白色粟粒大小结节。气管上有时也有小结节	取霉斑结节压片镜检曲霉菌
黏膜型鸡痘	鸡痘病毒	各种年龄均可感染，但雏鸡发病率和死亡率高	口腔、咽喉、气管或食管有痘斑，呼吸困难，吞咽困难	喉和气管黏膜初期见有湿润隆起，以后见有干酪样假膜，假膜不易剥离	琼脂扩散试验，分离病毒

第七节　其他动物疫病的检疫

兔病毒性出血症

兔病毒性出血症俗称"兔瘟"，是由兔病毒性出血症病毒引起的急性、流行性、致死性传染病，以传染性极强、实质脏器出血、发病率和死亡率很高为特征。本病潜伏期 2～3 天，流行无明显季节性，主要与传染源的存在和易感兔的密度有关。自然感染只发生于家兔，品种、性别间差异不大，毛用兔比肉用兔易感。通过消化道、呼吸道、创伤等任何途径均可感染，病兔污染的物品和环境是本病的传染源。

【活体检疫】 最急性型病兔不表现任何症状,常突然窜跳,倒地抽搐而死,有的死前发出尖叫声;急性型病兔精神委顿,被毛松乱,食欲减退,体温升至 41℃ 以上,呼吸促迫,濒死时病兔瘫软,不能站立,不能挣扎,高声尖叫,鼻孔流出白色或淡红色黏液;慢性型多发生于 3 月龄以下幼兔,病兔精神不振,食欲减退,呼吸加快,体温升高,但此症状如不仔细观察很难察觉,此类兔在抗体出现前带毒,并可排出病毒,是危险的传染源。

【宰后检疫】 鼻腔、喉头和气管黏膜淤血或弥漫性出血,有血色泡沫;肺脏淤血和水肿,表面散在鲜红色出血点;肝脏淤血肿大,表面常有浅色条纹;胆囊肿大,充满稀薄胆汁;肾脏淤血肿大;心肌淤血,心脏扩张、松弛;心包水肿、出血;脾脏肿大,呈紫黑色;小肠黏膜有充血变化。

【综合判定】 根据活体检疫和宰后检疫情况可作出初步判定,确诊需进行病原鉴定和血清学检查。

本病注意应与兔巴氏杆菌病、魏氏梭菌病相区别。

【检疫处理】 发现本病时立即停止运输或买卖,病死兔焚烧、深埋。扑杀发病兔,尸体和被病兔污染过的场所、用具、污物、粪便等要彻底清除、深埋、消毒。假定健康兔应全部急宰或紧急进行预防接种。屠宰时发现本病,对已表现症状的,全部化制作工业用,尚未表现症状的同群兔全部急宰,高温处理后利用。

兔黏液瘤病

兔黏液瘤病是由黏液瘤病毒引起的一种高度接触性、致死性传染病,以全身皮下,尤其是脸面部和天然孔周围皮下发生黏液瘤性肿胀为特征。本病潜伏期一般为 3～7 天,多发生于夏秋季昆虫孳生繁衍的季节。病兔是主要传染源,主要通过节肢动物(最常见的是蚊和蚤)的叮咬传播,只发生于家兔和野兔。

【活体检疫】 被带毒昆虫叮咬部位出现原发性肿瘤结节,然后眼睑肿胀、流泪,有黏液性或脓性眼垢,肿胀可蔓延至整个头部和耳部皮下组织,使头部皮肤褶皱呈狮子头样。肛门、生殖器、口和鼻孔周围水肿,皮下有胶冻样肿瘤。

【宰后检疫】 淋巴结肿大、出血,肺脏肿大、充血,胃肠浆膜淤血,心内、外膜出血,肝脏、脾脏、肾脏充血。

【综合判定】 根据活体检疫和宰后检疫情况可作出初步判定,确诊需进行病原鉴定和血清学检查。

【检疫处理】 一旦发生本病,采取严格隔离措施,扑杀病兔和同群兔,并进行无害化处理。污染的环境和用具等应进行彻底消毒。

兔球虫病

兔球虫病是由艾美耳属的多种球虫寄生于兔的小肠或胆管上皮细胞内引起的一种流行性传染病,特征是消瘦、贫血和血痢。本病多发生于春暖多雨的潮湿季节。不同年龄和品种的兔均可感染,成年兔发病轻微,多为带虫者,成为重要的传染源。感染途径是经口食入含有孢子化卵囊的水或饲料。

【活体检疫】 根据球虫寄生部位不同,可分为肠型、肝型和混合型 3 种病型。病兔精神不振,食欲减退,伏卧不动,眼、鼻分泌物增多,腹部胀大,生长停滞。肠型主要发生下痢;肝型则表现肝脏肿大,触诊肝区疼痛,黏膜黄染,后期出现神经症状,四肢痉挛、麻痹,最后因衰竭而死亡。

【宰后检疫】 肠型病例肠壁血管充血,肠内充满气体和大量红色黏液,肠黏膜充血、出血、肥厚或有结节和化脓灶;肝型病例肝脏肿大,肝脏表面与实质内有白色或淡黄色的结节性病灶,含有大量球虫,慢性者胆管周围和肝小叶结缔组织增生,肝细胞萎缩,胆囊发炎,胆汁浓稠。

【综合判定】 根据流行病学特点、活体检疫和宰后检疫情况可作出初步判定,确诊需进行涂片镜检。

【检疫处理】 发现本病按照《中华人民共和国动物防疫法》规定,采取严格控制、扑灭措施,防治扩散。病兔应隔离,治疗或扑杀,病尸、内脏等应深埋或焚烧。污染的环境和用具彻底消毒;屠宰时检出的病兔,有病变的部位作工业用或销毁,其余部位不受限制出场。

水貂病毒性肠炎

水貂病毒性肠炎是由水貂细小病毒引起的高度接触性传染病,其特征是胃肠黏膜发炎、腹泻,粪便中含有多量黏液和灰白色脱落的肠黏膜,有时还排出类白色圆柱状肠黏膜套管。本病潜伏期为 4～8 天,其传染源是患病动物和带毒动物,带毒母貂是最危险的传染源。病毒经患病动物和带毒动物的粪便、尿液、精液、唾液等途径排出体外,污染饲料、饮水和用具,经消化道和呼吸道感染。猫科、犬科以及貂科动物均有易感性,其中水貂最为易感,尤其幼龄水貂更易感。本病常呈地方性流行和周期性流行,传播迅速,全年均能发生,但夏季发生较多。发病率可达 60%,死亡率可达 15% 以上。

【活体检疫】

最急性型:突然发病,见不到典型症状,经 12～24 小时很快死亡。

急性型:精神沉郁,食欲废绝,但渴欲增加,喜卧于室内,体温升高至 40.5℃以上,有时出现呕吐,常有严重下痢,在稀便内经常混有粉红色或淡黄色的纤维蛋白。重症病例还能出现因肠黏膜脱落而形成圆柱状灰白色套管。患病动物高度脱水,消瘦,经 7～14 天因衰竭而死亡。

亚急性型:与急性型相似。腹泻后期往往出现褐色、绿色稀便或红色血便,甚至煤焦油样便。患病动物高度脱水、消瘦,常拖至 14～18 天而死亡。少数病例能耐过,但长期排毒。

【宰后检疫】 主要病变在胃肠系统和肠系膜淋巴结。胃内空虚,含有少量黏液,幽门部黏膜常充血,有时出现溃疡和糜烂。肠内容物常混有血液,重症病例肠内呈现黏稠的黑红色煤焦油样内容物,有部分肠管由于肠黏膜脱落而使肠壁变薄。多数病例在空肠和回肠部分有出血变化。肠系膜淋巴结高度肿大,充血和出血。肝脏轻度肿大呈紫红色,胆囊充盈。脾脏肿大呈暗红色,在被膜上有时出现小出血点。

【综合判定】 根据活体检疫和宰后检疫情况可作出初步判定,确诊需进行动物接种试验、琼脂扩散试验、血凝抑制试验等。

【检疫处理】 主要采取隔离患病动物,停止调运,对环境彻底消毒,少量病兽应扑杀焚烧处理,开展紧急免疫接种等措施。

犬 瘟 热

犬瘟热是由犬瘟热病毒引起的犬的一种急性、高度接触性传染病,其特征是高热,结膜炎,上呼吸道、肺脏、胃肠道卡他性炎症,皮炎,神经炎和足垫硬化。本病潜伏期为 3～4 天,冬季多发,病犬是主要传染源,病原体存在于病犬的分泌物、排泄物以及血液、脾脏、肝脏、肾脏等组织中。任何年龄、性别、品种的犬均易感,特别是幼犬和纯种犬易感性强。在自然条件下,狐、熊、水貂、狼和兔等也易感本病。雪貂对本病特别敏感,自然发病的死亡率可达 100%。

【活体检疫】 病初从眼、鼻流出水样分泌物,后变为脓性,打喷嚏,体温升至 40℃ 以上,约持续 2 天降至常温,此时病犬症状减轻;2～3 天后,体温再次升高,并可持续 2 周以上,病犬病势加重,绝食、呕吐,并发黏液性鼻炎、喉头炎、气管炎、支气管炎和支气管肺炎,眼结膜也同时发炎,继而发生角膜炎,引起角膜溃疡,甚至穿孔。有的病犬下痢,粪便呈水样,混有黏液或血液。中枢神经系统受侵害时,病犬精神沉郁,后转为兴奋,常出现局部性痉挛,运动失调,以后变为不全麻痹或麻痹。约有半数以上的病犬,于腹部或股内侧皮肤上出现特殊的脓疱疹,先是散发的小红斑,逐渐变为小结节,而后变为黄豆至蚕豆大的黄色脓疱,脓疱破溃后逐渐干涸,形成黄褐色的痂皮,以后痂皮脱落而愈合。

【宰后检疫】 呼吸道黏膜、支气管和肺脏有程度不同的炎性变化,常见出血性肠炎,大肠有多量黏液,胸腺缩小。有的脚底表和角质层增厚变硬,即所谓的"硬脚掌"病。

【综合判定】 根据本病的临床特点可作出初步判定,确诊需进行病理组织学检查(查出上皮细胞胞质内的嗜酸性包涵体)、中和试验、荧光抗体试验等。

本病注意应与狂犬病、副伤寒、犬传染性肝炎、钩端螺旋体病、巴氏杆菌病相区别。

【检疫处理】 发现本病不得运输和交易,就地隔离治疗,健康犬进行预防接种,最后一头病犬死亡或痊愈后 7 天,经再次检疫确无任何疫病时,方可交易或运输。屠宰发现本病时,应全部急宰,病变器官深埋或销毁,无病变的器官、肉尸和血液,高温处理后利用;皮张经过消毒后,可加工利用。

其他动物常见临诊异常表现及可疑疫病范围见表 6-15。

表 6-15　其他动物常见临诊异常表现及可疑疫病范围

动物种类	疫病名称	症　状
兔	兔病毒性败血症	主要侵害 3 个月龄以上的青年兔和成年兔,呈暴发性流行,发病率和病死率都高。多有神经症状,口、鼻出血,气管和肺脏出血,肝脏无坏死灶
	兔出血性败血症	各种年龄兔都可发生,以 2 月龄以内的兔受害严重,多呈散发,发病率低,病死率中等。鼻有黏液性分泌物,无神经症状,肝脏有坏死点,肺脏呈大叶性肺炎但无出血
	兔黏液性肠炎	由埃希氏大肠杆菌引起。四季均可发生,大、小兔均易感,断奶后的幼兔发病较多。排糊状稀便或带有透明胶冻样的粪便。空肠和直肠内充满半透明胶样物。胃内有积液
	兔副伤寒	由鼠伤寒或肠炎沙门氏菌引起。断奶前后的幼兔发病较多,死亡快。体温升高。排乳白色或淡黄色稀便。子宫和阴道有脓样分泌物。妊娠兔流产,胸、腹腔积液,肠黏膜有黄色小结节
	兔魏氏梭菌病	由 A 型魏氏梭菌引起。四季均可发生,大、小兔均易感,以 1～3 月龄幼兔多见。急性下痢直至水泻,有特殊臭味。病死率高。胃黏膜脱落、溃疡,肠臌气,积有多量稀液,大肠浆膜有出血
	兔泰泽氏病	由毛样芽孢杆菌引起。多发生于 6～12 周龄的幼兔。急性水泻,粪便呈褐色糊状或水样,死前水泻症状消失。心脏、肝脏有针尖或块状坏死灶,脾脏萎缩
	兔球虫病	断奶前后的幼兔易感。高温多雨季节多发。先便秘,进而排糊状稀便,最后水样腹泻并带血。黏膜苍白,消瘦贫血,肝脏有黄白色小节,肠黏膜有硬白点和化脓性坏死灶
	貂瘟	多发生于寒冷季节,2～3 年流行 1 次。除下痢稀粪带血或呈煤焦油样外,还有眼肿、鼻塞、麻痹、烂趾

动物种类	疫病名称	症　状
貂	病毒性腹泻	多发生于秋冬季节,呈地方性流行。腹泻,先排出黏液性圆柱管型,后水样腹泻,同时伴有呕吐
	貂阿留申病	常年发生,呈缓慢性地方性流行。除粪便煤焦油样腹泻外,还有渐进性消瘦、贫血、可视黏膜出血和溃疡
犬	犬瘟热	复相热,鼻眼干裂,呕吐,腹泻,肺炎,消瘦,兴奋不安或极度委顿,皮肤脓性疹,肝脏、胆囊、脾脏病变不明显
	犬传染性肝炎	角膜浑浊,血凝时间长,肝脏、胆囊有病变,体腔有血样渗出液
	犬副伤寒	水样和黏液样腹泻,血便,消瘦,脾脏显著肿大
	犬狂犬病	有攻击性,喉头和咬肌发生麻痹
	犬钩端螺旋体病	口腔黏膜出血、溃疡或坏死,气味恶臭,有黄疸,无呼吸道和眼的炎症
猫	猫传染性肠炎	复相热,腹泻依次为黏液性圆柱状管型、黏液性和水样,第三眼睑突出,呕吐物恶臭,两眼下陷,肝脏和脾脏不肿大
	猫沙门氏杆菌病	一般性持续发热,仅有水泻和黏液样腹泻,结膜苍白、黄疸,后肢瘫痪,失明,抽搐,脾脏、肝脏显著肿大
蜜蜂	美洲幼虫病	蜂群化蛹期幼虫大量死亡,形成穿孔子脾。腐败虫尸腥臭、有黏液,干枯虫尸如鳞片状,尸体伸展
	欧洲幼虫病	蜂群封盖前的幼虫大量死亡,形成插花子脾。腐败虫尸不腥臭,无黏液,干枯虫尸有白色背线,尸态萎缩
	囊状幼虫病	蜂群封盖幼虫不能化蛹并且大量死亡,房盖穿孔。病虫头胸部首先变黑,虫尸不腐败、无腥臭、无黏液,整个虫尸呈充满液体的小囊状,干枯尸态呈龙船状

附录 一、二、三类动物疫病病种名录

中华人民共和国农业部(一九九九年二月十二日)

一、一类动物疫病

口蹄疫、猪水疱病、猪瘟、非洲猪瘟、非洲马瘟、牛瘟、牛传染性胸膜肺炎、牛海绵状脑病、痒病、蓝舌病、小反刍兽疫。绵羊痘和山羊痘、禽流行性感冒(高致病性禽流感)、鸡新城疫。

二、二类动物疫病

多种动物共患病:伪狂犬病、狂犬病、炭疽、魏氏梭菌病、副结核病、布鲁氏菌病、弓形虫病、棘球蚴病、钩端螺旋体病。

牛病:牛传染性鼻气管炎、牛恶性卡他热、牛白血病、牛出血性败血病、牛结核病、牛焦虫病、牛锥虫病、日本血吸虫病。

绵羊和山羊病:山羊关节炎脑炎、梅迪维斯纳病。

猪病:猪乙型脑炎、猪细小病毒病、猪繁殖与呼吸综合征、猪丹毒、猪肺疫、猪链球菌病、猪传染性萎缩性鼻炎、猪支原体肺炎、旋毛虫病、猪囊尾蚴病。

马病:马传染性贫血、马流行性淋巴管炎、马鼻疽、马贝斯焦虫病、伊氏锥虫病。

禽病:鸡传染性喉气管炎、鸡传染性支气管炎、鸡传染性法氏囊病、鸡马立克氏病、鸡产蛋下降综合征、禽白血病、禽痘、鸭瘟、鸭病毒性肝炎、小鹅瘟、禽霍乱、鸡白痢、鸡败血支原体感染、鸡球虫病。

兔病:兔病毒性出血病、兔黏液瘤病、野兔热、兔球虫病。

水生动物病:病毒性出血性败血病、鲤春病毒血症、对虾杆状病毒病。

蜜蜂病：美洲幼虫腐臭病、欧洲幼虫腐臭病、蜜蜂孢子虫病、蜜蜂螨病、大蜂螨病、白垩病。

三、三类动物疫病

多种动物共患病：黑腿病、李氏杆菌病、类鼻疽、放线菌病、肝片吸虫病、丝虫病。

牛病：牛流行热、牛病毒性腹泻-黏膜病、牛生殖器弯曲杆菌病、毛滴虫病、牛皮蝇蛆病。

绵羊和山羊病：肺腺瘤病、绵羊地方性流产、传染性脓疱皮炎、腐蹄病、传染性眼炎、肠毒血症、干酪性淋巴结炎、绵羊疥癣。

马病：马流行性感冒、马腺疫、马鼻腔肺炎、溃疡性淋巴管炎、马媾疫。

猪病：猪传染性胃肠炎、猪副伤寒、猪密螺旋体痢疾。

禽病：鸡病毒性关节炎、禽传染性脑脊髓炎、传染性鼻炎、禽结核病、禽伤寒。

鱼病：鱼传染性造血器官坏死、鱼鳃霉病。

其他动物病：水貂阿留申病、水貂病毒性肠炎、鹿茸真菌病、蚕型多角体病、蚕白僵病、犬瘟热、利什曼病。

参考文献

1 田永军主编.实用动物检疫.郑州:河南科学技术出版社,2004

2 郭年丰等主编.动物检疫技术手册.北京:中国广播电视出版社,2005

3 农业部畜牧兽医局主编.一、二、三类动物疫病释义.北京:中国农业出版社,2004

4 贾有茂主编.动物检疫与管理.北京:中国农业科技出版社,1997

5 纪晔,赵向东编著.市场肉品卫生检验手册.沈阳:辽宁人民出版社,1987

6 费恩阁主编.动物传染病学.长春:吉林科学技术出版社,1995

金盾版图书,科学实用,
通俗易懂,物美价廉,欢迎选购